C000155447

Traite Du Nivellement

Jean Picard

In the interest of creating a more extensive selection of rare historical book reprints, we have chosen to reproduce this title even though it may possibly have occasional imperfections such as missing and blurred pages, missing text, poor pictures, markings, dark backgrounds and other reproduction issues beyond our control. Because this work is culturally important, we have made it available as a part of our commitment to protecting, preserving and promoting the world's literature. Thank you for your understanding.

TRAITÉ DU
NIVELLEMENT,
PAR M. PICARD
DE L'ACADEMIE ROYALE
DES SCIENCES,

AVEC UNE RELATION
de quelques Nivellemens faits par ordre
du Roy.

Plus un Abregé de la Mesure de la Terre
du meme Auteur.

Mis en lumiere par les soins de M. DE LA
HIRE de l'Academie Royale des
Sciences, & Professeur Royal en Mathe-
matique.

A PARIS,

Chez ESTIENNE MICHALLET, ruë
Saint Jacques, à l'Image S. Paul.

M. DC. LXXXIV.
Avec Privilege du Roy.

PREFACE.

Onsieur Picard propo- sa à la fin du Traitté de la mesure de la Terre, une nouvelle construction d'un Niveau auquel il avoit appliqué une lunette d'approche au lieu de pinnules, comme il avoit fait un peu auparavant aux quarts de cercles dont il se servoit pour les Observations des angles.

Cet Instrument a de si grands avantages pardessus ceux dont on s'étoit servi jusqu'alors, que les corrections dont on ne tenoit

PREFACE.

aucun conte dans les Nivellemens , font tres-utilement em-
ployées dans l'usage de celuy-cy,
pour parvenir à une précision
que l'on n'avoit encore osé se
promettre dans ces sortes d'Operations. Il eut un peu aprés une
occasion tres-considerable pour
mettre cet instrument en pratique dans les nivellemens des eaux
des environs de Versailles , &
dans l'examen des hauteurs &
des pentes des Rivieres de Seine,
& de Loire ; mais comme il s'a-
gissoit d'une tres-grande entreprise, il fit ses observations avec
toute l'exactitude possible.

Cette occupation luy donna
lieu de changer quelque chose à

PREFACE.

la conſtruction de l'Inſtrument
qu'il avoit publiée, pour le rendre plus commode & plus ſeur
dans l'uſage, & de faire enſuite pluſieurs Remarques ſur les
Nivellemens faits avec cet Inſtrument, & enfin il dreſſa
quelques Memoires pour luy ſervir dans cette pratique en de
ſemblables rencontres, principalement ſur les corrections des
Niveaux apparens, & ſur les
rectifications, ou verifications de
l'Inſtrument.

Le ſuccés des Ouvrages que
l'on fit ſur quelques Niveaux
qu'il avoit pris, ayant confirmé
la juſteſſe de ſes Obſervations,
on le ſolicita de donner au Pu-

PREFACE.

blic les Remarques qu'il avoit
faites, & les Regles qu'il avoit
établies pour ces sortes de Nivellemens; mais ayant mis en ordre
ce qu'il avoit écrit sur ce sujet;
& étant sur le point de le faire
imprimer, il fut attaqué par une
maladie violente qui l'emporta
en peu de jours.

M'étant engagé à prendre le soin
de cét Ouvrage, j'ay crû qu'en
procurant son impression pour la
memoire de M. Picard, le Public qui en tireroit de grandes
utilitez, ne laisseroit pas de le
recevoir avec plaisir, quoyque
l'Auteur n'y eût pas donné ses
derniers soins, étant tres-connu
& tres-estimé pour l'exacti-

PREFACE.

.tude qu'il apportoit à faire ſes
Obſervations : mais quoy qu'il
eût donné ordre qu'on me remît
entre les mains ſes Papiers & ſes
Manuſcrits, il s'eſt paſſé prés de
deux années ſans que j'aye pû
recouvrer l'Original de ce Traité, que depuis fort peu de temps.

J'ay obſervé tres-ſoigneuſe-
ment de n'apporter aucun changement à ce que M. Picard avoit
fait, j'ay ſeulement ajoûté quelques Démonſtrations aux endroits où j'ay crû qu'il n'en di-
ſoit pas aſſez pour ceux qui ne
ſont que mediocrement verſez
dans la Geometrie. J'ay donné
une Deſcription entiere de ſon
Niveau, comme il s'en ſervoit

PREFACE.

ordinairement, dont il ne parloit qu'en passant en renvoyant le Lecteur à son Traitté de la mesure de la Terre, où il l'a expliqué fort au long.

I'ay aussi ajoûté une Methode generale pour rectifier les Niveaux qui pourra servir dans plusieurs rencontres plus facilement que celles qu'il propose.

Mais comme plusieurs Sçavans Geometres ont publié des Niveaux construits sur differens principes, qui pourront avoir de grandes utilitez dans des cas particuliers, je me suis persuadé qu'il étoit à propos de faire icy la description de quelques-uns, & principalement de ceux qui peu-

PREFACE.

vent *servir aux grands Nivelle-*
mens ; & de rapporter la manie-
re dont on s'en doit servir. l'ay
donné la description , & l'usage
de celuy de M. Huguens telle
qu'il l'a publiée dans le Iournal
des Sçavans , & j'ay décrit ce-
luy de M. Romer sur un de ceux
qu'il avoit fait faire luy-même.l'y
ay encore ajoûté une maniere de
faire flotter sur l'eau une lunette
d'approche, en separant ses deux
parties qui luy servent de pin-
nules , ce qui pourra avoir de
bons usages, la superficie de l'eau
étant le Niveau le plus simple,
& le plus juste que l'on puisse
avoir.

La premiere Partie de cet

PREFACE.

C'Ouvrage est divisée en trois Chapitres. Le premier contient la Theorie du Nivellement : Le second, la description des Instrumens qui servent à niveler : Et le troisiéme, les pratiques du nivellement.

La seconde Partie est, une Relation tres-curieuse & tres-exaĉte des Nivellemens de plusieurs endroits à l'égard du Château de Versailles, & des hauteurs & des pentes de la Riviere de Loire & de la Seine à l'égard de ce même lieu, avec les differences des niveaux des terreins qui sont entre-deux, depuis Orleans jusqu'à Versailles, en remontant jusqu'au Canal de Briare.

PREFACE.

La necessité qu'il y a de sçavoir la mesure de la circonference de la Terre, & de son diametre pour faire les corrections
des grands nivellemens avec exactitude, m'ont donné occasion de
faire un Abbregé de l'Ouvrage
de M. Picard, suivant le des-
sein qu'il en avoit, & qu'il m'a-
voit communiqué plusieurs fois,
afin que le Public put avoir cét
Ouvrage, qui n'estoit entre les
mains que de tres-peu de person-
nes, n'y en ayant eu qu'un petit
nombre d'Exemplaires qui a-
voient été destinez pour faire
des presens. On y trouvera le
Resultat de toutes les operations,
& la Methode dont on a fait

PREFACE.

les Observations, avec les mêmes Tables qui y sont ajoûtées
pour le rapport des mesures étrangeres à celle de la Toise de Paris.
I'ay donné les vrayes hauteurs
de Pole à la place des apparen-
tes, les ayant diminuées chacune
d'une minutte, qui est à peu prés
l'élevation que cause la refraction à la hauteur de l'Etoile Polaire d'où on les avoit déduites,
suivant ce que M. Cassini avoit
observé le premier, & que nous
avons confirmé dans la suite par
un tres-grand nombre d'Observations.

TRAITE'

TRAITÉ
DU
NIVELLEMENT.

CHAPITRE I.

De la Theorie du Nivellement.

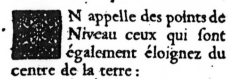N appelle des points de Niveau ceux qui sont également éloignez du centre de la terre :

D'où il s'enfuit qu'une ligne, qui dans toute sa longueur seroit parfaitement de Niveau, auroit tous ses points rangez

A

dans une courbure circulaire dont le centre seroit celuy de la terre.

Supposant donc que tous les points de la superficie des corps liquides, qui ne sont point agitez, sont également éloignez du centre de la terre, nous dirons que tous les points de la superficie de ces corps sont de niveau, comme celle des Mers, des Lacs, des Etangs, & generalement de toutes les liqueurs qui n'ont point de mouvement.

On pouroit donc par ce moyen déterminer le niveau de deux points en se servant d'un canal remply d'eau, qui les toucheroit : mais comme cette methode ne pouroit être commodément mise en pratique que dans de petites distances, on est obligé de se servir du rayon visuel, que l'on dirige par le moyen

de quelque ʃinʃtrument dont
toute la juʃteʃʃe tend à bien é-
tablir une ligne qui ʃoit parallele à une autre ligne que
l'on ʃuppoʃe dans l'horizon du
lieu où l'on fait l'obʃervation,
ou qui faiʃant un angle droit
avec celle du perpendicule, qui
eʃt une ligne qui tend au centre
de la terre, s'éleve au deʃʃus du
vray niveau autant qu'une touchante s'écarte de la circonference d'uh cercle à meʃure
qu'elle s'éloigne du point où elle
le touche.

Cette ligne droite parallele à
l'horiʃon ʃera appellée dans la
ʃuite *ligne du Niveau apparent.*

Ce qui vient d'être expliqué
ʃe comprendra plus aiʃément
dans la figure ʃuivante, ou le
point A repreʃente le centre de
de la terre ʃur lequel on a décrit

A ij

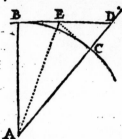

l'arc du vray niveau B C, & la ligne BD qui touche cet arc de cercle au point B où l'on fait l'obſervation pour le nivellement, repreſente le niveau apparent qui ſera à angles droits avec AB par la 16e. prop. du 3e. Livre d'Euclide; B A eſt la ligne du perpendicule; A D eſt une Secante de l'arc de cercle BC, laquelle ſurpaſſe le demi-diametre A C de la quantité de la ligne C D, qui eſt l'excés dont le niveau apparent s'éleve au deſſus du vray pour l'arc B C, ou pour l'angle B A C.

On doit remarquer que juſqu'à la diſtance de 100 toiſes, le niveau apparent s'éleve ſi peu

audessus du vray, que la correction que l'on y doit faire n'est
pas considerable , & que l'on
peut sans faire une erreur sensi-
ble , prendre le niveau apparent
pour le vray : mais si l'on negli-
geoit cette correction dans des
distances plus longues que 100
toises on feroit des erreurs tres-
considerables , comme l'on poura voir dans la Table suivante,
qui servira à trouver le vray niveau par le moyen de l'apparent,
ce qui suppose que l'instrument
dont on se sert soit juste , & que
d'ailleurs le Rayon visuel soit
droit, ce qui n'est pas toûjours
principalement dans les distances un peu considerables ou
quelquefois les refractions le
font aller en ligne courbe, dont
on parlera dans la suite.

Dans la Table suivante , la
premiere colonne marque en

toiſes, les diſtances entre la ſtation où l'on fait le Nivellement,
& le lieu qui eſt nivelé, c'eſt à
dire où l'on pointe le Niveau.

L'autre colonne contient les
pieds, pouces, & lignes dont le
niveau apparent eſt plus élevé
que le vray pour les diſtances qui
ſont miſes à côté; en ſorte que
l'on doit abaiſſer le niveau apparent de la quantité des pieds;
pouces & lignes de la ſeconde
colonne, ſuivant les diſtances
qui leur ſont correſpondantes,
pour avoir le vray niveau,

TABLE DES HAUSSEMENS du Niveau apparent par deſſus le vray, juſqu'à la diſtance de 4000 toiſes.

Diſtances.	Hauſſemens.		
Toiſes.	Pieds.	Pouces.	Lignes.
50	0	0	0 $\frac{1}{3}$
100	0	0	1 $\frac{1}{3}$
150	0	0	3
200	0	0	5 $\frac{1}{3}$
250	0	0	8 $\frac{1}{3}$
300	0	1	0
350	0	1	4 $\frac{1}{3}$
400	0	1	9 $\frac{1}{3}$
450	0	2	3
500	0	2	9
550	0	3	6
600	0	4	0

Distances.	Hauffemens.		
Toifes.	Pieds.	Pouces.	Lignes.
650	0	4	8
700	0	5	4
750	0	6	3
800	0	7	1
850	0	7	11½
900	0	8	11
950	0	10	0
1000	0	11	0
1250	1	5	2½
1500	2	0	9
1750	2	9	8½
2000	3	8	0
2500	5	8	9
3000	8	3	0
3500	11	2	9
4000	14	8	0

La Regle qui fert à trouver les hauffemens du niveau apparent pardeffus le vray, eft de divifer le quarré de la diftance par le diametre de la terre, qui felon nôtre mefure eft de 6538594 toifes, & c'eft pour cette raifon que les hauffemens du niveau apparent font entr'eux comme les quarrez des diftances, ce que l'on peut voir dans la Table.

Le fondement du calcul propofé pour trouver les hauffemens du niveau apparent, n'eft pas geometrique; mais il en approche fi fort, que dans la pratique il ne peut s'enfuivre aucune erreur fenfible:

Car il eft vray de dire, que comme le demidiametre A B eft à la touchante B D, ainfi C E ou B E touchante de la moitié de l'angle BAD eft à CD, à caufe des triangles femblables

A B D , E C D , qui font rectan-
gles en B &
en C , à cau-
fe des tou-
chantes BC
C E par la
18e. propo-
fition du
3e Liv. d'Eu-

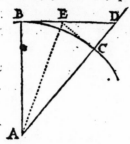

clide , & qui ont l'angle commun au point D , mais fi l'on
double le premier , & le troifié-
me terme de cette proportion
on aura comme le diametre entier à la touchante B D , ainfi le
double de B E , que l'on fuppofe
égal à BD , fera à C D qui eft la
correction requife ; c'eft pourquoy le produit des termes
moyens de cette derniere proportion , qui eft le quarré de BD
étant divifé par le premier terme , qui eft le diametre de la terre produira la correction C D.

Or on peut fuppofer aux petits angles, tels que font ceux dont il s'agit dans la pratique du nivellement, que le double de BE eft égal à B D, & par confequent que le diametre de la terre eft à la diftance B D des points que l'on veut mettre de niveau, comme cette même diftance B D au hauffement C D du niveau apparent par deffus le vray.

Les hauffemens du niveau apparent ne font pas tels qu'ils devroient être en effet, à caufe de la refraction qui fait paroître l'objet audeffus du lieu où il eft effectivement : mais outre que la refraction n'eft pas fenfible lorfque la diftance n'excede pas 1000 toifes; voicy encore deux moyens pour déterminer le vray niveau indépendemment non feulement de la refraction, mais encore des hauffemens du niveau apparent, & de ce qui pouroit arriver de la part de l'inftrument fans qu'il importe qu'il foit jufte, ou non, pourveu qu'il demeure toûjours dans le même état, & qu'on s'en ferve auffi de la même maniere.

METHODE PREMIERE.

Pour niveler fans faire la verification de l'inftrument, & fans a-voir égard aux hauffemens du niveau apparent pardeffus le vray, ny à la refraction.

Il faut placer l'inftrument à égale diftance des termes où l'on veut marquer des points de niveau ; car il eft évident que fi d'une même ftation, & avec un inftrument qui demeure toû-jours à même hauteur, & dont on fe ferve auffi toûjours de la même maniere, on détermine

plufieurs points de vifée, qui
foient également éloignez de
l'œil de l'Obfervateur; tous ces
points feront également éloignez du centre de la terre, étant
également abbaiffez ou élevez
à l'égard du vray niveau, c'eft
pourquoy ils feront tous de niveau entr'eux; mais ils ne feront
pas pour cela de niveau avec la
ftation où l'on fait le nivellement, c'eft à dire avec l'œil de
l'Obfervateur dans cette ftation:
il faut encore fuppofer que s'il y a
de la refraction, elle foit égale
dans toutes fes diftances égales.

Methode II.

Le fecond moyen demande
un double nivellement, & reciproquement fait d'une premiere ftation à une feconde, puis de
cette feconde à la premiere: ou
bien pour plus grande feureté, à

cause des refractions qui pou-
roient causer quelqu'erreur dans
ce nivellement reciproque, en
changeant dans l'espace du
temps, qu'il y auroit entre les
deux observations, il faudroit
qu'il y eut deux Observateurs,
qui étant placez aux deux extremitez de la distance proposée, nivelassent à même-
temps, & avec des instrumens
qui fussent parfaitement d'accord; mais lorsque l'on veut
se servir de cette maniere il
n'est pas necessaire de prendre
cette précaution à l'égard de la
refraction, qui ne peut pas être
considerable, pourveu que la distance n'excede pas 1000 toises
comme nous avons dit cy-devant.

Ce qui étant supposé, il faut
sçavoir, que si dans chaque station le lieu de l'œil, & le point

de visée reciproque se trouvent
joints ensemble, en forte que
les deux lignes visuelles qui fervent au nivellement, & que
pour ce sujet nous appellons
Lignes du Nivellement, convien-
nent, & n'en fassent qu'une,
comme dans la premiere figure
suivante, les extremitez de cette ligne seront de niveau : mais
si dans une des stations, comme
dans la seconde figure, ou dans
les deux stations, comme dans la
troisiéme & quatriéme figure, le
lieu de l'œil se trouve separé du
point de visée reciproque : les
points pris au milieu entre ceux-
là seront de niveau entr'eux,
ou avec ceux qui sont joints ensemble dans la seconde figure.

DÉMONSTRATION.

A represente le centre de la

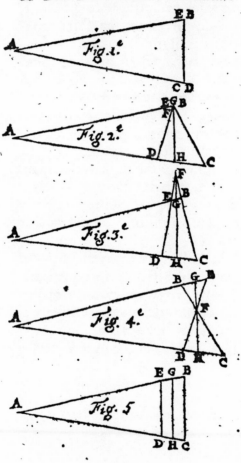

terre, B C , D E font deux lignes du nivellement reciproque
ayant chacune respectivement
l'œil à un bout aux points marquez B & D, & le point de visée
à l'autre bout aux points marquez C & E.

De la supposition que nous a-
vons faite que l'instrument de-
meurât toûjours dans un même
état sans qu'il luy arrivât aucun
changement, ou que s'il y avoit
deux instrumens ils fussent bien
d'accord, il s'ensuit que les angles ABC, ADE, ou bien ACB,
A E D font égaux entr'eux, &
que les lignes B C, D E, supposé qu'elles soient separées,
font ou paralleles entr'elles, ou
dans une position souscontraire,
que nous appellons autrement
anti-paralleles ; & dans ce cas si
nous nous imaginons que la ligne G H passant par le point F,

B

qui eſt la rencontre des anti-paralleles , diviſe en deux également l'angle B F E , ou D F C
fait par ces mêmes anti-paralleles ; la ligne G F H rencontrera
les lignes A B , A D aux points
G & H qui feront également é-
loignez du centre de la terre A ,
& qui par conſequent feront de
niveau , fuivant la definition des
points de niveau.

Car premierement , ſi les points
B E & C D ſont joints enſemble, comme dans la premiere figure , il eſt évident que les lignes A B , A D feront égales
entr'elles par la ſixiéme propoſition du premier Livre d'Euclide ; car les angles A D B ,
A B D ſont égaux entr'eux par
la poſition ; c'eſt pourquoy
les points B & D feront de niveau.

Secondement , ſi les lignes

B C & D E font paralleles entr'elles comme dans la cinquié-
me figure: à caufe des paralleles C B, D E les angles A D E,
A C B feront égaux entr'eux
par la vingt-neuviéme propofit.
du premier Livre des Elemens
d'Euclide; mais auffi par la pofition les angles A D E, A B C
font égaux entr'eux; donc auffi
les angles A C B, A B C font
égaux entr'eux; d'où il s'enfui-
vra comme cy-devant que les
lignes A B, A C feront égales,
& par confequent les points B
& C feront de niveau. On de-
montrera auffi par la même raifon que les points D & E font
de niveau; car les lignes A D &
A E feront auffi égales entr'elles: c'eft pourquoy fi l'on divife
B E en deux également en G,
& C D en H; les points G & H
feront auffi de niveau comme il

B ij

est proposé : car A C & A B
étant égales , & A D & A E l'é-
-tant auffi , les lignes C D & B E
le feront femblablement & leurs
moitiez auffi D H , E G; donc
A H fera égale à A G , & les
points G & H de niveau.

Troifiémement, fi les points B
& E font joints enfemble, & les
deux autres de l'autre côté D &
& C font feparez , comme dans
la feconde figure, l'angle C B D
étant coupé en deux également
par la ligne B H, qui rencontre
A C en H; le point H fera de
niveau avec le point B : car les
angles A D B , A B C étant é-
gaux par la pofition, & l'angle
au point A étant commun pour
les deux triangles A D B , A B C,
il s'enfuit que les autres angles
reftans dans ces deux triangles,
à fçavoir A B D , A C B feront é-
gaux : car par la trente-deuxié-

me propofition du premier Livre
d'Euclide les trois angles de
tout triangle font égaux à deux
droits : Si l'on ajoûte donc à
l'angle A B D l'angle D B H, la
fomme, qui eft l'angle A B H, fera égale à la fomme de l'angle
A C B & de l'angle C B H qui
font égaux aux deux premiers ;
mais dans le triangle H C B, par
la même 32. propofit. cy-deffus
rapportée , l'angle exterieur
A H B eft égal aux deux interieurs H C B ou bien A C B &
C B H; c'eft pourquoy l'angle
A H B fera égal à l'angle A B H,
& par la fixiéme propofition du
premier Livre d'Euclide, les lignes A B & A H feront égales,
& par confequent les points B &
H feront de niveau.

Enfin fi les antiparalleles B C,
D E concourent en F au dedans,
ou au dehors de l'angle B A C

comme dans les 3. & 4. figures;
la ligne G F H menée par le
point F, enforte qu'elle divife
en deux également les angles é-
gaux E F B, D F C, rencontrera les coftez A B, A D en G &
en H qui feront des points de
niveau : car aux deux triangles
F B G, F D H les angles au point
F font égaux ; & par la 32. propofition du premier Livre d'Euclide l'angle exterieur A B C du
triangle F B G eft égal aux deux
interieurs F G B, & B F G ; &
femblablement l'angle exterieur
A D E du triangle F D H eft é-
gal aux deux interieurs D F H,
F H D ; mais les deux angles A
B C, A D E eftant égaux par la
fuppofition, auffi les deux angles
F G B, B F G pris enfemble feront égaux aux deux angles D
F H, F H D pris auffi enfemble:
defquels fi l'on ofte les egaux B

F G, D F H , les reſtans F G B
ou A G H , & F H D ou A H G
feront égaux , & par la 6. propoſition cy-deſſus rapportée les
coſtez A G, A H du triangle A
G H feront égaux ; donc les
points G & H feront de niveau.

Mais dans la pratique du Nivellement il y a toûjours ſi peu
de difference entre les lignes F B,
F E , & F C , F D , que l'on peut
les ſuppoſer égales entr'elles ſans
tomber dans une erreur ſenſible;
d'où il s'enſuivra , que la *ligne*
G F H, qui diviſe en deux également les angles au point F
coupe les lignes E B , D C en
deux également au point G &
H , qui feront de niveau , comme il a eſté demonſtré cy-devant,
& c'eſt ce qu'il faloit prou-
ver.

On dira que cette demonſtration ſuppoſe que les lignes du

Nivellement B C , D E foient
droites ; ce qui n'eft pas toûjours
vray , principalement aux grandes diftances à caufe des refractions : Mais comme nous fuppofons, que s'il y a de la refraction , elle foit égale de part &
d'autre , il eft évident qu'elle ne
changera rien à la détermination
du vray niveau.

Voilà donc deux manieres de
trouver avec exactitude le vray
niveau : mais lorfque l'on n'a pas
la commodité de prendre toutes
les précautions neceffaires , &
que l'on eft obligé de faire la
chofe d'un feul coup de nivellement , & d'une feule ftation ,
il eft neceffaire de connoître
l'erreur de l'inftrument s'il y en
a ; j'entens qu'il eft neceffaire de
fçavoir de combien l'inftrument
hauffe ou baiffe la mire à l'égard
du niveau apparent pour une
certaine

certaine diſtance donnée, c'eſt ce
que l'on appelle *Verification* de
l'inſtrument dont nous parlerons
dans le chapitre ſuivant : mais
pour avoir le vray niveau d'un
ſeul coup , & d'une ſeule ſtation, ce n'eſt pas aſſez de connoître la correction de l'inſtrument , il faut encore y employer
celle du hauſſement du niveau
apparent par deſſus le vray comme elle eſt poſée dans la table
que nous avons donnée cy-
deſſus.

EXEMPLE.

On propoſe une diſtance de
300. toiſes , pour laquelle on
ſçait que l'inſtrument baiſſe de
3. pouces à l'égard du niveau
apparent , ce qui demanderoit
que le point de viſée fut hauſſé de trois pouces ; mais parce que dans la table nous trou-

C

vons, que le niveau apparent à
la diſtance de 300. toiſes s'é-
leve d'un pouce par deſſus le
vray ; il faut donc rabattre un
pouce de 3. pouces, qu'il faloit
ajoûter pour la correction de
l'inſtrument ; & l'on conclura
que le vray niveau doit être 2.
pouces plus haut que le point
de viſée.

Mais ſi au contraire l'inſtrument avoit hauſſé de 3. pouces
pour la même diſtance de 300.
toiſes , le vray niveau ſeroit à
4. pouces au deſſous du point
de viſée ; car il faudroit encore
baiſſer d'un pouce pour le hauſſement du niveau apparent par
deſſus le vray.

Nous n'expoſons pas icy tous
les cas qui peuvent arriver ; parce qu'il ſera toûjours facile de
ſçavoir ce qu'il y aura à faire, en
conſiderant la choſe de la ma-

niere que nous avons fait, &
comme fi l'on devoit premierement retablir le niveau apparent , & enfuite en rabattre le
hauffement de l'apparent par
deffus le vray.

Nous avons expliqué cy-devant que les hauffemens du niveau apparent par deffus le vray
font en raifon des quarrez des
diftances : mais la correction
qu'il faut faire pour l'erreur de
l'inftrument croît ou decroît
feulement dans la raifon des
mêmes diftances, ce qui eft facile à connoître par cette figure
fuivante.

B eft la ftation ou l'on fait
l'obfervation ; B A la ligne qui
tend au centre de la terre ; B O.
la ligne de vifée ; & B D I la
ligne du niveau apparent, qui
eft perpendiculaire, à B A. Pofons maintenant, que, pour une

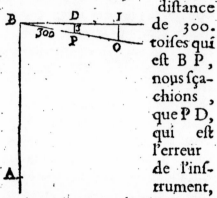

distance
de 300.
toifes qui
eft B P,
nous fça-
chions,
que P D,
qui eft
l'erreur
de l'inf-
rrument,

qnui e marque pas le niveau apparent, foit de 3. pouces ; il eft
évident, par exemple, que pour
la diftance P O fuppofée de 600.
toifes la correction O I fera de
6. pouces ; car O I étant menée parallele à P D, les triangles B P D, B O I font femblables ; c'eft pourquoy par la quatriéme propofition du fixiéme
d'Euclide B P fera à P D, comme B O à O I, ce qu'il falloit
demontrer,

Il ne faut pas s'imaginer qu'un inftrument baiffant la mire & demeurant dans un même état, puiffe recompenfer juftement le hauffement du niveau apparent à toutes fortes de diftances ; comme par exemple.

Le hauffement du niveau apparent étant d'un pouce 300. toifes de diftance, un inftrument qui baiffera d'un pouce pour 300 toifes donnera le vray niveau à cette diftance : car le hauffement de l'un recompenfera le baiffement de l'autre : mais plus près il baiffera trop, & plus loing il ne baiffera pas affez, comme on verra en fe donnant la peine d'en faire le calcul, ce que l'on peut auffi connoître par la figure fuivante.

A eft le centre de la terre : B G C H, le vray niveau, qui eft

C iij

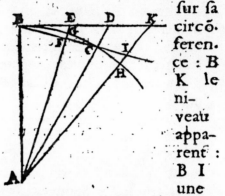

sur sa circŏference : B K le niveau apparent : B I une ligne droite inclinée, qui represente la ligne de visée, & qui coupe necessairement la circonference du cercle de la terre en quelque point comme C, qui est le seul de niveau avec B, & tous les autres comme F, I seront plus bas ou plus hauts.

Il est même facile de determiner à qu'elle distance precise, un instrument qui baisse la mire donnera le vray niveau, pourveu qu'on en connoisse l'erreur

pour quelque diſtance donnée,
c'eſt à dire de combien il s'écarte du niveau apparent pour une
diſtance donnée : car ayant pris
dans la table cy-deſſus le hauſſement deu à la diſtance don-
neé pour laquelle vous ſçavez
l'ereur de l'Inſtrument , il faut
faire une regle de proportion,
ou de trois comme on l'appelle
ordinairement , en poſant.

Comme le hauſſement trouvé ¹ *Ter-me.*
dans la table pour la diſtance
donnée eſt à

L'erreur de l'inſtrument pour ² *Ter-me.*
eette même diſtance ; ainſi

La diſtance donnée eſt à ³ *Ter-me.*

Celle à laquelle l'Inſtrument ⁴. *Ter-me re-quis.*
determinera le vray niveau.

E X E M P L E.

Je ſçay qu'un Inſtrument baiſſe la mire à raiſon de 2. pouces
ſur 300. toiſes de diſtance pour

laquelle le hauffement du niveau apparent eft d'un pouce
feulement, comme on voit dans
la table ; & je veux fçavoir à
quelle diftance cet inftrument
tel qu'il eft donnera le vray niveau. Pour cet effet je dis

Comme un pouce de hauffe-
ment

eft à 2. pouce d'erreur,

Ainfi 300. toifes de diftance

Sont à 600. toifes de diftance
requife

qui eft la diftance ou le deffaut
de l'inftrument recompenfe le
hauffement du niveau apparent,
l'un & l'autre eftans de 4. pouces dans cet exemple.

La Regle cy-deffus eft fon-
dée fur ce que nous avons déja
dit, que l'erreur d'un inftrument
croift ou décroift en raifon des
diftances ; mais que les hauffemens du niveau apparent fui-

vent la raifon doublée des mêmes diftances, qui eft auffi celle
de leurs quarrez.

Nous avons demontré cy-deſ-
fus que cette derniere fuppofition touchant les hauffemens du
niveau apparent n'étoit pas
vraye dans la rigueur de la Geometrie ; mais que dans la pratique cela ne devoit être d'aucune confideration : On en doit
autant dire à l'égard de l'autre
fuppofition, qui eft touchant
les erreurs de l'Inftrument : car
les lignes EF, CD, IK, n'é-
tant pas paralleles entr'elles, ſi
on fuppofe qu'elles tendent au
centre de la terre, A, ne font
pas non plus en raifon des diftances BE, BD, BK; mais à caufe
de la petiteffe des angles quelles font au centre de la terre, il
s'en faut ſi peu que cela ne merite pas d'être confideré dans la
pratique.

Demonstration de la Regle
precedente.

Suppofant donc dans la figure precedente que les lignes F
E, C D foient paralleles entr'-
elles, & que la diftance B F
étant propofée avec la ligne F
E, qui eft l'erreur dont l'Inftrument, ou bien la ligne de vifée,
baiffe audeffous du niveau apparent B K pour cette diftance,
il faille trouver la diftance B C
ou la ligne de vifée B I coupe
la circonference de la terre ,
c'eft à dire trouver la diftance
B C enforte que le point C. foit
de niveau avec le point B.

Pour la diftance B F ou B G,
que nous fuppofons égales , la
ligne G E , qui eft la difference
entre le vray niveau & l'apparent , fera connuë par la table
precedente : mais les hauffemens du niveau apparent par

deffus le vray font entr'eux comme les quarrés des diftances ,
fuivant la demonftration qui en
a été faite cy-devant ; c'eft
pourquoy G E fera à C D , qui
font ces mêmes hauffemens ,
comme les quarrés des diftances B G ou B F à B C ; mais
comme B F à B C , ainfi F E à
C D , à caufe que F E & C D
étant paralleles font les triangles femblables B F E , B C D ;
donc auffi en raifon inverfe C
D fera à G E , comme le quarré de C D au quarré de F E , &
par les corollaires de la 19. propofition du 6. Livre les lignes
C D , F E , G E feront en proportion continuë ; donc F E fera
à G E , comme C D à F E , ou
comme B C à B F ; & par in-
verfion de raifon G E fera à F E,
comme B F à B C , ce qu'il falloit demonftrer ; car G E eft le

haussement du niveau apparent
par dessus le vray pour la distance B G ou B F proposée , F E est
l'erreur de l'Instrument pour
cette même distance; B F est la
distance proposée , & enfin B
C est la distance que l'on cher-
che.

Enfin si l'on suppose que l'on
ait établi une ligne droitte comme C D , qui est celle du niveau
apparent , & si l'on imagine que
par ses deux extremitez il y ait
deux lignes qui luy soient perpendiculaires dans chacune des-
quelles on ait pris un point à
volonté , il est évident par ce
qui a été demontré cy-dessus ,
que pour connoître si ces deux
poins sont également éloignés
du centre de la terre, ou de combien l'un en est plus éloigné que
l'autre , il suffira de les rapporter
au vray niveau ; & c'est dans

cette comparaiſon que conſiſte toute la ſcience du Nivellement.

CHAPITRE II.

De l'Inſtrument appellé Niveau, *& des moyens de le rectifier.*

NOus avons déja dit dans le commencement du Chapitre precedent, que toute la juſteſſe de l'Inſtrument dont on ſe ſert pour niveller tend à determiner deux points de telle ſorte que la ligne droite menée de l'un à l'autre ſoit perpendiculaire par l'une de ſes extremités à celle qui tend au centre de la terre & qui eſt menée par ce même point, ou bien qui eſt dans l'horizon apparent, que l'on conçoit paſſer par cette même extremité.

On a inventé juſques à pre-

fent plufieurs de ces Inftrumens,
que l'on appelle Niveaux, dont
toute la juftefle depend d'un
plomb qui tient au bout d'un fil,
& dont on fupofe que le centre
de gravité le tend vers le centre
de la terre; ou de quelque corps
pefant fufpendu d'une autre maniere, & qui fait le même effet
du plomb, lequel dirige le Niveau; ou bien de quelques liqueurs dont la fuperficie reprefente une partie de l'horizon apparent ou fenfible : mais enfin
l'on eft demeuré d'accord que
celuy dont nous allons parler
le premier, eft le plus jufte de
tous, puifque l'on ne laiffe pas
de s'en fervir fort bien dans des
rencontres où les autres font
prefque inutiles ; nous en avons
déja donné une defcription dans
le Traité de la mefure de la terre, & nous la repeterons encore

icy en expliquant la figure qui
le reprefente , où l'on remarquera feulement , que celle que
nous luy avions donnée d'abord
reprefentoit la lettre T ; mais
nous l'avons changée , & elle eft
à prefent en forme de croix , cç
qui a été fait afin de donner plus
de longueur au cheveu qui fert
de perpendicule , & qui eft attaché au haut de la croix , enforte que l'on peut voir plus com-
modement le point qui eft au
bas de la croix fur lequel doit
battre le cheveu pour determiner le Niveau apparent.

Mais avant que de faire la defcription des Niveaux que nous
propofons dans ce Traité , nous
avons crû qu'il étoit à propos
d'expliquer en particulier la
conftruction de la lunette d'approche , qui y fert de pinnule , &
qui en fait la principale partie.

Cette Lunette eſt compoſée de trois pieces, à ſçavoir du verre objectif, des filets qui ſont poſez à ſon foyer, & du verre occulaire convexe dont le foyer eſt auſſi à peu prés à l'endroit où ſont les filets.

L'on appelle le foyer d'un verre convexe l'endroit où tous les rayons qui viennent d'un point lumineux, ou coloré, qui eſt dans une diſtance fort éloignée, vont ſe r'aſſembler aprés avoir paſſé au delà du verre, c'eſt pourquoy la peinture des objets qui ſont oppoſés au verre ſe repreſente tres-diſtinctement dans cet endroit : c'eſt auſſi ce que l'on peut voir par experience dans une chambre qui eſt bien fermée, & où il n'entre point de lumiere que par une petite ouverture, à laquelle on applique un verre convexe; car en

mettant

mettant un papier blanc à l'op-
pofite de ce verre au dedans de la
chambre, & à la diftancede fon
foyer, on vera fur le papier une
peinture tres-nette,& tres-diftin-
éte des objets qui fontoppofés au
verre par dehors; on poura trouver le foyer du verre en appro-
chant & en reculant le papier
tant que l'on voye la peinture
bien nette & bien determinée;
on fuppofe que ce verre foit
bon & bien fait, & qu'il ne foit
pas trop decouvert à proportion de la diftance de fon foyer.

Le papier blanc fur lequel fe
fait la peinture ne feut à autre
chofe, que pour arrefter les
rayons colorés à la diftance du
foyer, dans le point où ils feraf-
femblent, & en les renvoyant
de tous côtés dans la chambre
on les apperçoit fur le papier
comme fi l'objet y étoit peint;

D.

& qu'il n'y fut point apporté
d'ailleurs.

Si l'on n'oppofoit point de papier à ces rayons, la peinture ne
laifferoit pas toûjours de fe faire
à l'endroit du foyer ; quoy que
ceux qui feroient dans la chambre ne la puffent pas appercevoir:
mais fi l'on met un verre convexe audelà du foyer de l'objectif, enforte que le foyer de
ce fecond verre, que nous appellons l'Occulaire, foit commun avec le foyer du premier,
les rayons colorés, qui, aprés
s'être rompûs en tombant fur la
furperficie du verre objectif, fe
font reünis à fon foyer, conti-
nuent léur chemin en s'écar-
tant, & rencontrant le verre
oculaire fe rompent de rechef en
paffant au travers, & fe dirige
de telle forte, qu'en mettant
l'œil derriere ce verre on apper-

çoit les objets dont la peinture
se fait au foyer, de la même maniere que s'ils étoient effectivement peints en cet endroit, &
on les verra plus grands qu'avec
la veuë simple si le verre oculaire à plus de convexité que
l'objectif, ce que l'on peut augmenter de beaucoup suivant la
proposition des convexitez de
ces verres ; mais en changeant la
position de ce verre oculaire si
si l'on demeure à peu prés dans
la même distance de l'objectif,
on pourra voir differens objets
selon que differens rayons ren-
contreront l'oculaire. Enfin si
l'on tend un filet qui demeure
immobile à l'endroit du foyer
commun de l'objectif & de l'o-
culaire, ce filet passera sur la
peinture de quelqu'objet, ou on
le verra toûjours, quoyque l'on
change la position du verre ocu-

laire , & de l'œil ; mais fi l'on
remuë le verre objectif la peinture changera de place à fon
foyer , de même que fi l'on
touche au filet il ne rencontrera plus les mêmes endroits de la
peinture ; l'affemblage de ces
deux verres compofe la lunette
d'approche , qui reprefente les
objets dans une pofition ren-
verfée. Il eft facile de voir parce que nous venons expliquer
que fi le verre objectif demeure
toûjours dans une même fcitua-
tion à l'égard du filet , comme
on le peut faire dans le tuyau
d'une lunette, pour peu que l'on
remuë ce tuyau la peinture qui
fe fait au foyer changera de place fur le filet , à moins que l'on
ne remuë la lunette de telle
forte , que la ligne droite que
l'on imagine aller d'un point du
filet jufques à l'objet fur lequelil

paſſe, & que l'on appelle principal rayon de ce point de l'objet,
ne demeure toûjours dirigée vers
le même endroit, ce qui eſt la même choſe que ſi l'on concevoit,
que cette lunette fut prolongée
juſques à l'objet, auquel point
elle demeurat immobile , &
qu'elle ſe remuat ſeulement par
l'autre extremité ou eſt le filet,
ou bien encore ſi le point ou le
principal rayon rencontre le
verre objectif dans la premiere
poſition, demeure toûjours direc-
ctement entre le même point de
l'objet, & le filet qui paſſe par
ſa peinture dans toutes les autres
poſitions.

Ce ſont de ces ſortes de lunettes que nous avons miſes en
pratique, & dont nous nous ſervons au lieu de pinnules pour
faire des obſervations , comme
on peut voir plus au long dans le
D iij

Traitté de la mesure de la terre.

L'on peut ajouter à cette lunette deux autres verres convexes audelà de l'oculaire afin
qu'elle represente les objets dans
leur scituation naturelle; car celle qui n'a que deux verres convexes les representent renver-
sés comme nous venons de dire;
mais aussi l'on voit les objets
bien plus clairement dans une
lunette à deux verres, que dans
une qui en à quatre.

Ce que nous venons d'expliquer touchant la construction
des lunettes d'approche, n'est
que par rapport à l'usage que
l'on en fait dans les instrumens
qui servent à observer où l'on
s'en sert au lieu de pinnules, &
nous ne pretendons pas y trai-
ter à fonds cette matiere qui
demanderoit un ouvrage entier
de Dioptrique.

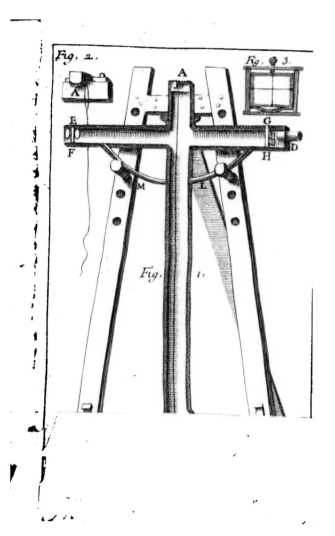

Description du Niveau.

La repreſentation de cet inſtrument eſt de telle maniere
que l'on peut voir le dedans ,
comme ſi la partie qui ſe preſente à la veuë étoit ôtée , ou
bien comme ſi elle étoit de verre
& que l'on put avoir au travers.

EFGH eſt un tuyau quarré
qui ſert pour la lunette, lequel on
fait de quelque matiere ſolide ,
& ferme , comme fer ou leton
aſſez fort enſorte qu'elle ne puiſſe pas être facilement corrom-
puë.

EF eſt un petit chaſſis qui
porte le verre avec objectif.

GH eſt une autre chaſſis qui
porte deux filets de verre à ſoye
tres déliés , qui s'entrecoupent
au foyer de l'objectif.

Le verre objectif, & ces filets

ainfi attachés enfemble dans ce tuyau fervent de pinnules pour le niveau.

Le petit tuyau D eft celuy qui contient le verre oculaire que l'on peut en foncer ou retirer fuivant la difpofition de la veuë de celuy qui obferve, fans que pour cela il arrive aucun changement à la difpofition du verre objectif & des filets, comme on a remarqué cy-devant dans l'explication de la conftruction des lunettes.

La lunette eft fortement attachée à angles droits avec le tuyau I K , en forte que l'on ne peut pas remuer l'un fans l'autre.

L & M font deux arc-boutans courbez qui fervent à entretenir la lunette avec le tuyau I K, & pour incliner le niveau d'un côté ou d'autre lors qu'il eft fur fon pied. A G

. A C eſt un cheveu qui eſt ſuſpendu du point A par une boucle que l'on fait à ſon extremité,
& cette boucle eſt paſſée ſur une
aiguille qui eſt appuyée par ſa
pointe contre une piece de leton, qui l'éleve du fond de la
boëte ou tuyeau, afin que le
cheveu ſoit en liberté de ſe
mouvoir : cette piece avec l'aiguille eſt repreſentée en particulier dans la figure 2ᵉ.

Au bout du cheveu pend un
plomb C que l'on fait d'une
groſſeur ſuffiſante pour tenir le
cheveu bien tendu ſans qu'il
puiſſe ſe rompre.

B eſt une petite platine d'argent enchaſſée à fleur ſur une
piece de leton qui eſt autant
élevée ſur le fond de la boëte,
que celle qui porte le centre au
point A ; au milieu de cette platine il y a un point, qui ſert

E

pour déterminer le niveau apparent comme nous dirons dans
la suite pour la vérification du
niveau. Du point A pour centre d'où le cheveu est suspendu,
on décrit un arc de cercle qui
passe par le centre de la platine B, & l'on y marque d'un
côté & d'autre de petites divi-
sions égales qui y déterminent
les minutes de degré s'il est possible, ce qui peut servir à montrer de combien de minutes un
objet est plus ou moins élevé
que le niveau apparent, cela se
doit seulement entendre jusques
au nombre des minutes qui sont
marquées sur la piece de leton.

Le verre objectif doit être
arresté sur le chassis EF, & ce
chassis doit être immobile dans
la boëte, ou tuyau de la lunette.

Le chaſſis G H qui porte les
filets doit être auſſi bien attaché
au corps de la même boëte :
quelque fois pourtant on fait
un double chaſſis qui porte les
filets, & qui gliſſe fort juſte-
ment dans une couliſſe qui eſt
au premier chaſſis , & l'on attache un reſſort dans la partie
inferieure de ce premier chaſſis,
qui pouſſe en haut le ſecond
chaſſis qui porte les filets , lequel
on repouſſe autant que l'on veut
vers le bas par le moyen d'une
vis , qui perce la boëte de la
lunette dans la partie ſuperieure
où eſt l'écrou , & qui force le
reſſort qui le ſoutient par deſſous , comme la figure 3. le fait
voir.

La queue N eſt une verge de
fer rigide & aſſez forte pour ne
pas plier , elle eſt attachée au
long de la boëte du perpendi-

E ij

cule, enforte qu'elle peut feulement monter & defcendre, & en tombant jufqu'à terre elle fert pour arréter le niveau dans l'inclination où l'on veut le mettre.

Le pied fur lequel on pofe cét inftrument eft un chevalet comme les Peintres s'en fervent pour foutenir leurs tableaux, on appuye feulement le niveau par lés arcboutans fur les chevilles du chevalet, enforte qu'il peut fe mouvoir fur ces chevilles, & s'incliner d'un côté ou d'autre.

On peut ajoûter à chaque pied du chevalet un faux pied de fer en forme de verrrouil qui coule dans fes crampons au long du pied de bois, & que lo'n peut arréter à la longueur que l'on veut par le moyen d'une vis comme la figure le montre aſſez clairement, ce qui eſt d'une grande utilité pour alonger les pieds du chevalet dans les lieux raboteux & inegaux.

On ne determine point la grandeur de cet inſtrument ; mais on doit ſeulement remarquer que plus il ſera grand plus on obſervera avec juſteſſe : ceux dont nous nous ſervons ordinairement ont la lunette de 3. pieds de longueur , & le perpendicule de 4. pieds.

Quoyque le tuyau du perpendicule ait communication avec le tuyau de la lunette , & que ſon filet ou cheveu paſſe au travers , cela n'y apporte pourtant aucun changement étant imperceptible à cauſe qu'il eſt trop delié.

E iij

De la rectification, ou verification du Niveau.

La maniere la plus indepen-
dente pour rectifier le Niveau
dont nous venons de faire la
demonstration, est de se servir
du renversement, comme nous
avons expliqué pour les quarts
de cercle dans le Traité de la
mesure de la terre : mais celle
qui suit paroît assez expeditive
& commode pour être preferée
à toute autre.

Aux deux extremités d'une
distance connuë on fait deux
marques à terre, qui pour la
commodité de l'operation ne
doivent pas être beaucoup éloi-
gnées du vray niveau, & dont
la distance doit être au moins
de 300, ou 400 toises. Ce qui
étant supposé, on met l'instrument à l'une des marques, &

l'on pointe la lunette vers l'autre en faisant marquer exactement à quelle hauteur vise la
croix des filets qui sont au foyer,
le filet du perpendicule donnant sur le centre de la petite
platine d'argent , qui est au bas
de l'instrument ; on en fait de
même & reciproquement à l'autre station, en remarquant aussi
exactement à chaque station la
hauteur de la croix des filets
par dessus la marque où l'on ob-
serve , ce que nous appellons la
hauteur de l'œil.

Ier. Cas.

Si les deux hauteurs des points
de visée jointes ensemble sur-
passent les deux hauteurs de la
croisée des filets jointes ensemble
du double du haussement du niveau apparent qui convient à la
distance des stations, conforme-

ment à la table que nous avons
donnée cy-devant dans le premier Chapitre , l'inftrument fera
jufte , & marquera le niveau apparent , c'eft à dire que le filet
du perpendicule , qui bat fur le
centre de la petite platine d'argent , fait ûn angle droit avec
le principal rayon de l'objet qui
eft caché ou marqué par la
croix , ou interfection des filets
de ver à foye pofés au foyer de
la lunette.

Exemple.

La diftance entre les lieux de
l'obfervation ayant été pofée
de 300 toifes , on trouve dans
la table que le hauffement du
niveau apparent par deffus le
vray eft d'un pouce pour cette
diftance,& fi la fomme des hauteurs des points de vifée furpaffe
de deux pouces celle des hau-

teurs de l'œil , ou de la croifée
des filets qui font proche de
l'oculaite , ce fera une preuve
de la juftefle de l'inftrument.

2e Cas.

Mais fi la fomme des hau-
teurs des points de vifée fur-
pafle la fomme des hauteurs de
l'œil ou de la croix des filets de
plus du double du hauffement
du niveau apparent par deffus le
vray , l'inftrument hauffera la
mire au deffus du niveau apparent de la moitié de ce qu'il y
a de trop, c'eft à dire que l'angle fait du filet du perpendicule
avec le principal rayon qui ap-
partient à la croifée des filets
du foyer, fera obtus.

Comme dans le même exem-
ple precedent, fi la fomme des
hauteurs des points de vifée eft
de 3. pouces aulieu de 2. pou-

ces qui est le double de ce que
le niveau apparent doit être élevé par dessus le vray à la distance de 300 toises, il y aura un
pouce de trop d'élevation ; c'est
pourquoy nous concluons que
l'instrument hausse la mire, ou
vise trop haut de la moitié de
cet exces qui est un demi-pouce
à la distance de 300 toises.

3ᵉ *Cas.*

Enfin si la somme des hauteurs
des points de visée est moindre que celle des hauteurs de
l'œil, ou de la croix des filets, à
laquelle on a ajouté le double
du haussement du niveau apparent par dessus le vray, la moitié de ce qu'elle sera moindre
que l'autre, sera l'erreur de l'instrument pour la distance proposée qui baissera la mire au
dessus du niveau apparent.

Comme dans le même exemple
que nous avons apporté cy-devant, ſi la ſomme des hauteurs
des points de viſée eſt moindre
d'un pouce que la ſomme des
hauteurs de l'œil augmentée de
deux pouces, qui eſt le double
du hauſſement du niveau apparent par deſſus le vray à la diſtance de 300 toiſes, l'inſtrument donnera trop bas de la
moitié de cette différence qui
ſera un demi-pouce ; de même
que ſi la ſomme des hauteurs
des points de viſée étoit moindre de deux pouces, que celle
des hauteurs de l'œil augmentée de 2. pouces pour le double
du hauſſement du niveau apparent par deſſus le vray, ce qui
eſt la même choſe, que ſi la
premiere ſomme étoit égale à
la ſeconde ſans être augmentée,
l'inſtrument donneroit trop bas
d'un pouce ; & ainſi du reſte.

Demonſtration des Regles précedentes.

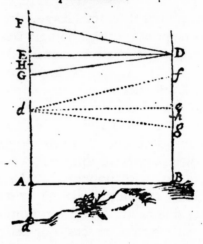

La demonſtration de ces regles eſt facile à comprendre, ſi
nous ſuppoſons d'abbord que
les deux points A & B que l'on
a marqué à terre ſoient dans le
vray niveau, c'eſt à dire également éloignez du centre de la

terre : car premierement l'inftrument étant à la marque B, &
le filet du perpendicule battant
fur le centre de la petite platine
d'argent, fi le point de vifée E
de la ligne du nivellement E D,
qui eft auffi le principal rayon
qui vient de l'objet E à la croifée des filets du foyer de la lunette en D, eft élevé au deflus
de l'autre marque A de la hauteur A E plus grande que B D,
qui eft la hauteur de l'œil ou de
la croifée des filets, de la quantité de la ligne H E, & que cette grandeur H E foit le hauffement du niveau apparent par
deflus le vray, qui convient à la
diftance A B ; il eft évident par
ce qui a été démontré au premier Chapitre, que la ligne du
nivellement E D fera avec le
filet du perpendicule pofé au
point D, un angle droit EDB.

Et de même dans l'operation reciproque l'instrument étant en A, la ligne du nivellement *d e* donnera le point de visée *e*, ensorte que B *e* sera plus grande que A *d*, de la quantité de la ligne *e h*, égale à E H, & l'angle *e d* A sera aussi droit.

D'où l'on voit que dans ce premier cas la somme des deux hauteurs des points de visée A E, B *e* est plus grande que la somme des deux hauteurs de l'œil B D, A *d*, de la valeur des deux hauteurs E H, *e h*, égales entr'elles, & chacune égale au haussement du niveau apparent par dessus le vray pour la distance A B.

Secondement si l'œil étant en D, la ligne du nivellement D F donne A F plus grande que B D, ou que A H posée égale à B D, de la grandeur H F plus

grande que HE, qui est le hauffement du niveau apparent par
deſſus le vray pour la diſtance A -
B, il eſt évident que ce rayon F D
fera avec le perpendicule DB un
angle obtus FDB puiſque E D
B doit être droit comme nous
avons dit cy-devant dans le premier cas, & que l'inſtrument é-
tant en B & l'œil au point D hauffera la mire où donnera le point
de viſée F, qui ſera élevé par
deſſus le point de viſée E du niveau apparent, de la grandeur
EF. Ce ſera auſſi la même choſe dans l'operation reciproque
l'inſtrument étant en A & l'œil
en *d* ; car le point de viſée ſera
au point *f*, & l'angle *f d* A ſera
obtus, & égal à l'angle F D B,
& la ligne *f r*, qui eſt le hauffement du point de viſée *f* par
deſſus le point de viſée du niveau apparent en *r* ſera égale à

F E dans l'autre operation ; d'où
s'enfuit que A F & B *f* jointes
enfembles, qui font les hauteurs
des points de vifée F & *f*, feront
plus grandes que les hauteurs
de l'œil, ou de la croifée des
filets, qui font B D , & A *d*
jointes enfemble, ou bien de
leurs égales A H & B *b* , augmentée de E H & *eb*, qui font
chacune le hauffement du niveau apparent par deffus le vray
pour la diftance A B , des grandeurs E F & *e f* jointes enfemble, ce qui eft le double de ce
que l'inftrument éleve la mire,
ou donne trop haut au deffus
du niveau apparent à la diftance de A B ; car les points
d & *b* feront dans le vray niveau
auffi bien que les points. D &
H.

Troifiémement fi la ligne du
nivellement donne le point de
vifée

viſée en G l'œil ou la croiſée des
filets étant en D , & que A G
ſoit plus petite que A H ou B
D ſon égale à laquelle on a
ajouté H E , qui eſt le hauſſement du niveau apparent par
deſſus le vray à la diſtance de
A B ; il eſt évident par ce
qui a été demontré dans le premier Capitre, & par ce que nous
avons dit cy-devant que l'angle
G D B ſera aigu , & que l'inſtrument baiſſera la mire , on donnera trop bas de la grandeur de
G E , & de même dans le nivellement reciproque : d'où l'on
connoît , que dans ce troiſiéme
cas les hauteurs des points de
viſée A G , B g jointes enſemble
ſont plus petites , que les hauteurs de l'œil B D , A d , ou leurs
égales A H , B h priſes enſemble
& chacune augmentée des grandeurs H E , b e , qui ſont les

F

hauſſemens du niveau apparent
par deſſus le vray pour la diſtance de A B , leſquelles enſemble
font les hauteurs du niveau apparent A E , B *e* , & elles font
plus petites des grandeurs G E ,
g e égales entr'elles & priſes enſemble.

Voilà donc ce qu'il falloit dé-
montrer à l'égard des points A &
B pris à terre & que l'on a ſup-
poſez dans le vray niveau, c'eſt à
dire également éloignez du centre de la terre ; mais ſi les points
B & *a* marquez à terre ne ſont
pas dans le vray niveau, & que *a*
ſoit plus bas que B de la quantité , *a* A ; la même demonſtration ne laiſſera pas de ſubſiſter ;
car dans chaque ſomme des hauteurs des points de viſée , &
des hauteurs de l'œil dans les nivellemens reciproques, la grandeur *a* A y ſera employée plus

quelle se détruira mutuellement
de chaque côté, & il ne restera
que les mêmes grandeurs que
nous avons posées pour les trois
cas de cette demonstration, ce
qui est si facile à entendre que
cela ne merite pas une plus grande explication.

Pour corriger le Niveau & luy
faire marquer le Niveau
apparent.

Il s'ensuit de ce que nous venons de demontrer que le niveau étant posé à l'une des
deux stations marquées contre
terre, s'il ne donne pas le point
de visée dans le niveau apparent, il sera facile de le corriger, car on connoîtra par ces
nivellemens reciproques, de
combien il hausse, ou baisse la
mire, & l'on determinera le
point où il devroit donner pour

être dans le niveau apparent,
alors ayant hauffé ou baiffé l'inftrument tant qu'il faudra pour
voir cette marque dans la croifée des filets, on obfervera a-
vec grand foin , fur laquelle
des divifions qui font fur la petite platine où à côté, le cheveu ou filet du perpendicule
donnera, afin de l'y pouvoir remettre toutes les fois que l'on
obfervera pour determiner le niveau apparent.

Mais fi l'on veut que le centre de la petite platine d'argent determine le niveau apparent ; il faudra hauffer ou baif-
fer, le faux chaffis, qui porte
les filets, par le moyen de la vis
qui au deffus de la boëte & qui
repouffe le reffort en bas, comme nous avons dit dans la defcription, en forte que la croifée
des filets du foyer de la lunette

donne fur l'objet que l'on a determiné pour être le niveau apparent , en obfervant toûjours
que le filet du perpendicule
donne tres-exactement fur le
centre de la platine d'argent qui
eft au bas du niveau ; où l'on doit
encore remarquer , que fi l'on
élevoit, ou baiſſoit confidera-
blement les filets du foyer , il
faudroit auffi élever ou hauffer
autant la marque à laquelle on
vife , car la hauteur de cette
marque n'auroit pas été faite
pour la hauteur des filets que
l'on a changez de place , mais
comme ils étoient auparavant.
Ce fera toûjours le plus commode d'ajufter ainfi les niveaux
afin que l'on ait un point remar-
quable où doit paffer le filet,
comme le centre de cette petite platine où clou , lorfque
les filets marquent le niveau

apparent ; car sans cela l'on est
souvent obligé de remarquer que
pour le niveau apparent il faut
que le filet du perpendicule
donne au tiers, ou au quart,
par exemple entre deux divi-
sions dont il faut exactement
remarquer le nombre depuis le
centre de la platine.

Autre maniere pour la Verification
du Niveau.

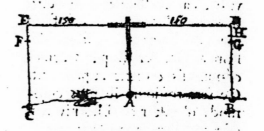

Ayant choisi un lieu uni, & de
300 toises de longueur ou environ, comme C B ; on posera
le niveau au milieu A de cette

stance, enforte que A C &
C B feront égales entr'elles, &
de 150 toifes chacune, fi la diftance C B eft de 300 toifes:
enfuite on pointera le niveau
vers chacun des deux points C,
& B, que l'on confiderera comme deux ftations fur lefquelles
on marquera la hauteur des
points de vifée D & E, le niveau demeurant à même hauteur
dans chaque Operation. Par ce
qui a été demontré dans le premier Chapitre les points D & E
font dans le vray niveau, quelqu'angle que la ligne de vifée
faffe avec celle du perpendicule.

Maintenant fi l'on tranfporte
le niveau à l'une des extremités
comme au point C, on connoît
de combien la croifée des filets
de la lunette eft plus haute ou
plus baffe, que le point de vifée
E, & marquant à l'extremité B,

un point, qui foit autant élevé,
ou abaiffé au deffus, ou au deffous du point de viſée D que
la croiſée des filets l'eſt au def-
ſus, ou au deſſous du point de
viſée E, on aura le vray niveau
coɼreſpondant à la croiſée des
filets, l'inſtrument étant poſé en
C, mais le niveau apparent
doit être plus élevée que le vray,
& pour 300 toiſes on trouve
dans la table 1. pouce de hauſſement ; on fera donc une marque à un pouce au deſſus de
celle que l'on a marquée la
derniere, qui determineroit le
vray niveau , & l'on aura le
point auquel doit être pointé le
niveau, pour être corrigé &
& rectifié.

Exemple. Si C E eſt de 4. pi.
10, po. & B D de 5. pi. 1. po.
& la croiſée des filets de lunette
du niveau étant poſé en C ſoit

de

de 4. pi. 6 po. comme au point
F, qui par conſequent ſera au
deſſous de E de 4. po. ſi l'on
prend donc le point G au deſſous de D de 4. po. Il eſt évident que les points F & G ſeront
dans le vray niveau ; mais pour
300 toiſes le niveau apparent eſt
élevé par deſſus le vray de 1.
pouce, c'eſt pourquoy l'on marquera le point H un pouce plus
haut que G ; ce point H ſera
donc le point de viſée où le niveau doit pointer lorſqu'il eſt
poſé en C, & que la hauteur de
l'œil, ou de la croiſée des filets
de la lunette eſt poſée au point
F, pour marquer le niveau apparent, & pour être rectifié.

On changera donc les filets
de la lunette tant quelle pointe
à cette marque deſignée, le
perpendicule demeurant tou-
jours au centre de la platine ou

G

clou d'argent; ou bien on remarquera exactement l'endroit de
fa divifion, ou le cheveu du
perpendicule eft arrefté , lorfque
l'inftrument marque le niveau
apparent par le point de vifée
H, afin de le pouvoir remettre
dans la même pofition toutes
les fois que l'on obfervera.

Si les diftances A C & A B
étoient chacune plus grandes,
ou moindres que 150 toifes , il
faudroit avoir égard au hauffement du niveau apparent par
deffus le vray , lequel convien-
droit au double de cette diftance , qui eft C B , pour marquer le point H où doit pointer
la ligne de vifée.

Cette maniere de rectifier le
niveau , eft à ce qui me femble,
la plus fimple , & la plus commode de toutes pour la pratique.

Avertiffement.

Il eſt d'une tres-grande im-
portance non feulement dans
les operations que l'on fait pour
la correction du niveau , mais
auſſi dans tous les nivellemens,
que le cheveu du perpendicule
ne ſe tienné pas trop collé ſur
la lame de leton, qui ſoutient la
platine ou le clou d'argent, &
qu'il n'en ſoit pas auſſi trop éloigné ; mais que l'affleurant li-
brement, il batte legerement
ſur ce point, ce qui étant bien
executé, & la longueur du perpendicule étant d'environ quatre pieds, on poura repondre de
deux pouces ſur une diſtance de
1000 toiſes, laquelle demande
11. pouces de correction pour
le hauſſement du niveau apparent par deſſus le vray , d'où
l'on peut juger de quelle utilité
G ij

font les pinnulles à lunette dans
ces fortes d'inftrumens.

-Enfin pour ne ⬤n obmettre
de ce qui peut être utile à l'obfervateur , on l'avertit encore
icy , que le jalon ou bâton dont
on fe fert pour tenir la marque,
ou carton à la hauteur du point
de vifée , eft compofé de trois
ou quatre bâtons chacun de 6.
pieds de long , qui peuvent s'af-
fembler l'un au bout de l'autre
fuivant les hauteurs des nivellemens qu'on veut faire; mais il
y en a un qui eft divifé par pouces dans toute fa longueur , &
dont chaque pied a une marque
particuliere pour le diftinguer
des pouces , celuy qui eft ainfi
divifé pofe toûjours à terre &
on ne l'affemble point avec les
autres qui portent le carton à
leur extremité , en forte que
l'on peut les élever au long de

celuy qui eſt diviſé, & connoître facilement de combien ils
ſont élevés au deſſus de la marque qui eſt à terre.

Pour la marque ou carton qui
ſert de point de viſée, & que
l'on met au bout de l'un des bâtons, il ſuffit de prendre deux
cartes à joüer que l'on coud l'une
ſur l'autre, enſorte que l'on peut
les enfiler dans le bout des bâtons; on en fait une noire, & on
laiſſe l'autre blanche, ce qui eſt
d'une grande commodité pour
l'appercevoir de loin ſuivant
les differens objets contre leſquels elle paroît, par exemple
la carte blanche ne paroîtra pas
bien clairement lorſqu'elle ſera
oppoſée au Ciel, à moins qu'elle
ne ſoit éclairée du Soleil, au
contraire la noire ſe verra fort
bien; mais auſſi la noire ne paroîtra pas ſi on la voit à l'oppo-
G iij

fite des arbres où la blanche paroîtra fort diſtinctement.

On doit avoir un ſoin particulier que les bâtons ſoient re-
nus bien droits & à plomb, &
pour en être aſſuré, il faudra que
celuy qui les tient aprés les avoir
mis à la hauteur qu'on luy aura
marquée ne les abbaiſſe point
qu'aprés les avoir ébranlés pluſieurs fois en divers ſens, pendant que celuy qui eſt à l'inſtrument prendra garde ſi dans
ce mouvement le bord d'en-
haut de la carte, dont on ſe
ſert de point de viſée, ne paroîtra point plus haut que la
croiſée des filets de la lunette.

Il arrive ſouvent que la diſtance entre les ſtations que l'on
nivelle eſt ſi grande, que l'on
ne peut pas s'entendre aiſement;
c'eſt pourquoy il faudra con-
venir de quelques ſignes que

l'on poura faire avec le chapeau,
ſoit pour faire hauſſer ou baiſſer
la carte, ſoit pour la faire tourner du blanc au noir, ou aucon-
traire, ſoit enfin pour faire ſçavoir que tout eſt bien, & que
l'operation eſt achevée.

Deſcription d'un autre Niveau
de l'invention de M. Huguens
de l'Académie Royale des Sçi-
ences.

LA Principale partie de cet
inſtrument eſt une Lunette
d'approche, A B, d'un ou de
deux pieds ou davantage, ſelon
qu'on veut qu'elle faſſe plus
d'effet. Elle eſt de deux ou de
quatre verres convexes, à la maniere ordinaire & aſſez connuë,
les deux faiſant voir les objets
renverſez, & les quatre les re-
mettant droits. Son tuyau eſt

de leton ou autre metail de
forme cylindrique , & paſſe
dans une virole C, qui l'enfer-
me par le milieu , où elle eſt
ſoudée.

: Cette virole a deux branches
plattes pareilles D & E, l'une
en haut & l'autre en bas , chacune d'environ le quart de la
longueur de la Lunette ; de
ſorte que le tout fait une maniere
de croix. Au bout de ces branches ſont attachez des filets
doubles, paſſez dans de petits
anneaux , & puis ſerrez entre
des pinces. L'une des dents de
ces pinces eſt attachée au bout
de ſa branche fixement & l'autre l'eſt de maniere qu'elle ſe
puiſſe ouvrir. Par l'un de ces
anneaux on ſuſpend la croix au
crochet F, & par en bas on attache à l'autre anneau ſuivant
ce qui ſera dit , un poids qui

égale environ la pesanteur de la
croix, & qui est enfermé dans la
Boëte G , dont il ne sort que
son crochet. Ce qui reste d'espace dans cette Boëte est rempli de quelque huile comme de
Noix ou de Lin, ou autre qui ne
se fige point, par où les balan-
cemens du poids & de la Lunette s'arrestent promptement. Au
dedans de la Lunette il y a un fil
de soye tendu horizontalement
au foyer du verre objectif, soit
qu'il y ait un ou trois oculaires.
Ce fil se peut hausser & baisser
par le moyen d'une vis, que l'on
tourne à travers le trou H, percé dans le tuyau de la Lunette.
La maniere d'ajuster ce fil sera
expliquée cy-aprés. I est une
virole fort legere , ne pesant
que $\frac{1}{5}$ ou $\frac{1}{100}$ de la croix , qui
s'arreste à tel endroit du tuyau
de la Lunette que l'on veut, &

outre celle-cy , fi la croix n'eſt
pas bien pres en equilibre, l'on
met quelqu'autre virole en dedans de la Lunette d'un ,poids
fuffiſant pour faire cet equilibre, c'eſt à-dire que le tuyau
de la Lunette ſoit parallele à
l'horizon , en quoy pourtant il
n'eſt pas requis une fort grande
juſteſſe. Une croix de bois platte ſert à ſuſpendre la machine,
ayant pour cela en haut le crochet F, & à l'un de ſes bras la
fourchette K , qui empêche le
trop de mouvement lateral de
la Lunette , ne luy laiſſant qu'-
une demy ligne de jeu. La Boëte
qui contient le plomb & l'huile,
tient à la même croix, étant en-
fermée par les côtez & par le
fonds. Et pour couvrir le niveau
contre le vent , l'on applique
contre la croix platte de bois ,
une croix creuſe L , qu'on y at-

tache avec deux ou 3 crochets,
de forte que le tout fait alors
une Boëte entiere.

Pour ajuſter ou rectifier ce niveau, on le ſuſpend par l'une des
deux branches, ſans y attacher
le plomb par en bas, & l'on viſe
à quelque objet éloigné ; remarquant l'endroit où donne le fil
horizontal, que l'on voit diſtinctement auſſi bien que l'objet.
Puis on adjoute le plomb, l'ac-
crochant dans l'anneau d'en bas;
& ſi alors le fil horizontal répond à la même marque de l'objet, l'on eſt aſſeuré que le centre de gravité de la croix eſt preciſément dans la ligne droite qui
joint les deux points de ſuſpen-
ſion ; ſçavoir où les deux filets
ſont attachez aux branches, qui
eſt la premiere preparation neceſſaire. Mais ſi cela ne ſe trouve
point on en vient à bout facile-

ment par le moyen de la virole
I, en obſervant que ſi la Lunette baiſſe lors que le poids eſt
attaché, il faut avancer la virole
vers le verre objectif, & la retirer au contraire ſi la Lunette
hauſſe aprés avoir attaché le
poids.

L'ayant ainſi reduite à viſer
au même point ſans plomb &
avec le plomb, on la retourne
ſans deſſus deſſous, la ſuſpen-
dant par la branche qui étoit en
bas, & attachant le plomb par
l'autre, parce qu'il fait arrêter
plus viſte le mouvement, & que
d'ailleurs cela eſt avantageux
pour ce qui reſte à faire.

Que ſi alors le fil, qui eſt dans
la Lunette donne au même
point de l'objet que devant,
l'on eſt aſſuré que ce point eſt
preciſément dans le Plan horizontal du centre du tuyau de

la Lunette , comme l'on verra
par la demonſtration. Mais ſi
le fil ne viſe pas au même point,
on l'y reduira en le hauſſant ou
baiſſant par le moyen de la vis
qui eſt pour cela en obſervant
de le hauſſer s'il hauſſe, & de
le baiſſer s'il baiſſe, & en renverſant la Lunette à chaque
correction.

Aprés cela l'Inſtrument ſera
parfaitement rectifié ; ſans qu'il
importe (ce qui eſt fort conſiderable) que le verre objectif
ny les oculaires ſoient bien cen-
trez, ny rangez exactement en
ligne droite : & l'on s'en ſervira
enſuite avec ſureté, pourvû
qu'il n'y arrive point de changement, car le fil horizontal
marquera par tout où l'on vi-
ſera l'endroit de l'objet qui eſt
dans le Plan horizontal du
centre de la Lunette. Mais

quand il y feroit arrivé quelque changement., on peut le fçavoir à chaque obſervation que l'on fait , en viſant premierement avec le plomb attaché, puis ſans le plomb , & puis en renverſant la Lunette. Et c'eſt en quoy conſiſte le principal avantage que ce Niveau a par deſſus les autres , parce qu'il empeſche qu'on ne puiſſe être trompé en s'en ſervant.

Le pied pour ſupporter la machine eſt une placque ronde de fer ou de leton , un peu concave, à laquelle ſont attachez, en charniere , trois bâtons d'environ trois pieds & demy. La Boete poſant ſur cette plaque en trois points ſe peut tourner du côté que l'on veut, & la concavité ſpherique donne moyen de la dreſſer avec facilité juſqu'à ce que le plomb ait ſon

mouvement libre dans sa Boete,
ce que l'on voit à travers l'ouverture M , faite au couvercle
de bois. La pesanteur de ce
plomb sert à tenir la Boete ferme sur le pied. Mais on peut
aisément l'assurer encore davantage, si l'on veut, en faisant un
trou au milieu de la placque
creuse.

Au lieu d'enfermer dans la Boëte G tout le poids, on peut y en
mettre un tiers ou un quart seulement , & attacher le reste à la
même queuë de fer , mais hors
de la Boëte. L'on observera
alors premierement avec le seul
poids leger , qui pend dans la
Boëte : puis avec l'autre ajoûté
par dessus, & en ajustant le fil
horizontal, on les y laissera tous
deux. Par ce moyen les balan-
cemens de la Lunette s'arrête-
ront promptement à toutes les

obſervations qu'on fait pour la
rectification ; au lieu que n'attachant point de poids du tout
dans quelques-unes, ce mouvement ceſſe plus difficilement.

Le crochet F, auquel le niveau eſt ſuſpendu, peut être
ſimplement attaché à la croix
platte de bois ; mais icy il eſt repreſenté attaché à une virole qui
ſe hauſſe & baiſſe par le moyen
d'une vis qui tient à l'anneau par
lequel on porte la machine.
L'avantage qui ſe trouve en cela
eſt qu'en la tranſportant, on
peut relâcher les filets de la
croix, en la faiſant deſcendre
juſque ſur la fourchette K &
ſur le petit bras courbé R, &
cela ſans ouvrir l'eſtuy de bois.

Pour empêcher que l'huile de
la Boëte G ne puiſſe ſe répandre
lors qu'on porte le niveau en
voyage, l'on peut boucher le
trou

trou de cette Boëte par le poids
même qu'elle en ferme. On fera
pour cela que ce poids soit bien
plat par deſſus, & on l'attirera
contre le couvercle de la Boëte
par le moyen d'une virole à
écroüe S.   A T

Le tuyau N repreſente en
grand celuy qui au dedans de
la Lunette porte le fil horizontal. Il contient un reſſort O P,
qui eſt attaché à la fourchette
Q. à laquelle le fil de ſoye tient
avec de la cire. Ce reſſort tire
la fourchette contre le morceau
de leton T ; dans lequel entre
la vis qui répond au trou H de
la Lunette. Par lequel trou l'on
peut auſſi tourner un peu le
tuyau N pour faire que le fil
devienne exactemement horizontal, dont on juge en regar-
dant par la Lunette.

                         H

❦❦❦❦❦❦❦❦❦❦❦❦❦❦❦❦❦❦❦❦

*Description d'un autre Niveau de
l'invention de M. Romer de
l'Academie Royale des Sciences.*

LA figure de la Boëte eſt en
forme d'Equierre, comme
elle eſt repreſentée par les let-
tres A B C.

La partie A B ſert de tuyau
de lunette, elle eſt ouverte vers
l'extremité B pour mettre le
verre objectif, & à l'extremité
A eſt ſoudé & attaché un faux
canon, qui porte celuy de l'o-
culaire: La partie C de la boëte
eſt plus groſſe que le reſte pour
pouvoir contenir le plomb, qui
gouverne le Niveau, & qui
doit avoir un peu de jeu pour
pouvoir faire quelques vibra-
tions.

Au dedans du tuyau à l'en-

droit marqué P, il y a un chaſſis qui porte un filet de verre à
ſoye poſé horizontalement.

Aux endroits marqués D aux
deux côtés de la boëte par dedans ſont attachées deux pieces,
comme la figure N en repreſente une, leſquelles ſervent à
porter les pivots du plomb.

La 2. figure repreſente la maniere dont le plomb avec ſes
pivots ſont attachés à la fourchette qui porte le ſecond filet
horizontal.

H H ſont les pivots du plomb
faits en forme de priſme, &
tranchants par deſſous pour
avoir moins de frottement.

I K eſt la branche de fer à laquelle le plomb eſt fermement
attaché par le bas.

I L eſt une verge de fer, qui
eſt attachée à la verge I K au
point I, enſorte qu'elles ne peu-

vent se remuer l'une sans l'autre.

G G est la fourchette qui est attachée à l'extremité de la verge I L.

M est un filet de ver à soye appliqué sur la fourchette aux endroits G G, & placé horizontalement.

Il faut que la verge I L soit de telle longueur que le filet M soit posé le plus proche qu'il sera possible du filet qui est dans le chassis P, ensorte qu'on puisse les voir tous deux ensemble tres distinctement, comme s'il n'y en avoit qu'un seul.

Aux endroits marqués R, la boëte à deux trous taraudés, qui repondent à deux autres trous, qui sont faits dans la partie d'embas de la branche de fer à laquelle le plomb est attaché, mais ces trous sont un peu plus

bas que ceux de la boëte, enforte que lors qu'on fait entrer
par les trous de la boëte deux
vis pointuës, elles puiffent élever
les pivots hors de deffus leurs
appuis, afin que dans le tranf-
port de l'inftrument ils ne puiffent pas s'ufer & s'emouffer. On
peut faire ces trous aux deux
autres côtés de la boëte fi l'on
veut.

Maniere de fe fervir de ce Niveau, & de le rectifier.

On ne fe fert point ordinairement de pied pour foutenir ce
Niveau, on l'appuïe feulement
contre le coin d'une muraille,
où contre un arbre en le tenant
ferme avec les deux mains, en
forte que le plomb foit en liberté de balancer fur fes pivots, &
on éleve doucement le tuyau
de la lunette tant que l'on voye

le filet M de la fourchette G
joint avec le filet du chaſſis P,
& l'objet repreſenté ſur les filets
donne le point de viſée.

On le peut rectifier comme
on a fait le premier niveau par
le moyen de deux nivellemens
reciproques, ou bien par le moÿ-
yen de deux nivellemens faits
d'une même ſtation à deux
points également éloignés d'un
côté, & d'autre ; car par ces
operations ayant determiné un
point de niveau apparent, à l'é-
gard d'un autre point, on cour-
bera doucement la verge I L
tant que les filets joints enſemble viſent au point que l'on a
déterminé, le niveau étant poſé
à l'autre point : mais lors que la
difference eſt trop grande, &
qu'il faudroit par trop ployer la
verge, qui ſoutient la fourchette, il ſera plus à propos de changer le filet de place.

Toute la juftefle de ce niveau
depend de la fufpenfion des pivots : mais comme il n'eft pas
poffible de la faire auffi delicate
qu'il feroit neceflaire pour avoir
une grande juftefle, on ne fait
feulement la lunette à deux verres que d'un pied, ou 15 pouces
de long, & la longueur du plomb
de 8 ou 9 pouces. Ce niveau eft
fort bon pour niveller des points
qui ne font pas fort éloignés, &
lors qu'il eft une fois rectifié, il
n'eft pas fujet à changer en le
portant en voyage.

On a inventé plufieurs autres
niveaux dont on auroit fouhait-
té de donner icy les defcriptions,
mais comme ils font aflez con-
nus par celles que les inventeurs
mêmes en ont publiées, &
que d'ailleurs la plus part ne
pourroient pas fervir à des nivellemens un peu éloignés, qui

est le principal deſſein de cet
ouvrage, on a crû qu'il n'eſtoit
pas à propos d'en parler.

❈❈❈❈ ❈❈❈ ❈❈❈❈❈❈❈❈❈❈❈ ❈❈❈❈❈❈

*Deſcription d'un autre Niveau
mis en pratique par M. de La
Hire de l'Academie des Sciences.*

CE Niveau tire toute ſa
juſteſſe de la ſuperficie
de l'eau, que nous ſuppoſons
également éloignée du centre
de la Terre, & il ne conſiſte que
dans la maniere de faire nager
ſur l'eau une Lunette d'approche
qui luy ſert de pinnulles comme
aux autres Niveaux.

Dans la premiere figure A a R
C, B D T, ſont deux vaſes qur-
rés de bois ou de fer blanc lar-
ges de 4 pouces ½ environ, &
hauts

hauts de 8 pouces.

Le tuyau C D ſert de communication à ces deux vaſes afin que l'eau puiſſe paſſer aiſement de l'un dans l'autre, il doit avoir au moins un demi-pouce de diametre, & de longueur environ 2 piéds ½

. Le tuyau A B eſt attaché au haut des deux vaſes quarrés & ſert de tuyau de lunette.

Le vaſe A R C eſt percé en R vis-à-vis le tuyau A B, pour attacher en cet endroit un faux canon qui porte celuy du verre oculaire, que l'on peut éloigner ou approcher ſuivant la neceſſité.

L'autre vaſe T B D eſt auſſi percé dans ſa partie T vis-à-vis le tuyau A B pour faire l'ouverture de la lunette.

On attache un petit plomb au milieu du tuyau A B, qui en

I

battant fur une marque faite au
tuyau C D, fait voir quand les
deux vafes font à peu-près de
niveau pour y pouvoir mettre
l'eau à même hauteur.

On doit mettre fur les deux
vafes une legere couverture que
l'on puiffe ôter facilement, elle
fert pour empêcher la lumiere
de donner fur le verre objectif,
& fur les filets, afin que la Lunette faffe plus d'effet.

Il y a encore aux deux côtés
de chaque vafe deux petites
lames de leton ou de fer blanc
dont nous ferons la defcription
en parlant de leur ufage.

La deuxiéme figure reprefente une des deux boëtes qui portent les pinulles pour les faire
nager fur l'eau, elles doivent
être faites de leton fort mince
pour pouvoir nager plus facilement, & ne s'enfoncer qu'au-

tant qu'il fera neceſſaire par le
moyen du poids que l'on enfer-
me audedans

Le corps de ces boëtes eſt cylindrique de 2 pouces ½ de hauteur environ, qui doit être auſſi
la grandeur du diamettre de ſon
Cylindre, il doit être bien fermé
d'un couvercle par deſſus, & au
deſſous il y a un chapiteau d'un
pouce de hauteur vers ſa pointe E.

Le tuyau F G eſt ſoudé au
deſſus de la boëte, il a de hauteur 2 pouces & de largeur 1
po. la partie ſuperieure de ce
tuyau eſt ouverte des deux côtés
juſques à la hauteur d'un pouce,
& dans chaque partie qui reſte
audedans de l'ouverture, on y attache une petite coüliſſe qui ſert
à porter le chaſſis de la pinulle,
qui ne doit y entrer que juſques
à une certaine profondeur où

I ij

il doit-être arreſté.

L M eſt un fil de leton preſ-qu'auſſi long que la largeur du vaſe , & qui paſſe dans le milieu de ce tuyau un peu audeſſous de la pinulle. Ce fil ſert à entretenir la boëte & la pinulle lorſquelle nage ſur l'eau , en ſorte qu'elle preſente toûjours ſon ouverture à celle du tuyau de la lunette A B, il gliſſe entre deux petites aîles ou lames de fer blanc ou leton qui ſont attachées aux deux côtés de chaque boëtes , & qui ſont auſſi longues, & auſſi proches l'une de l'autre qu'il eſt neceſſaire pour empêcher que le fil de leton, qui tient au tuyau F G, ne vacille par trop d'un côté & d'autre.

Il y a une ouverture au couvercle des boëtes audedans du tuyau F G pour y pouvoir met-

tré dedans une balle de plomb,
ou un peu de mercure, ce qui
empefche que les boëtes en
flottant fur l'eau ne puiſſent
pancher d'un côté, ou d'autre,
& la quantité du mercure, ou
la balle de plomb doit être aſſés
peſante pour faire enfoncer la
boëte dans l'eau juſques à l'endroit du tuyau marqué I K, qui
eſt demi-pouce environ au deſſus
du couvercle de la boëte ; on
doit refermer enſuite la boëte
avec une petite platine de leton
fort mince que l'on attache bien
tout autour avec de la cire
molle.

Ces deux boëtes doivent être
d'une figure fort égale dans toutes leurs parties, & lorſqu'elles
ſont chargées des pinulles, & du
plomb, ou du mercure elles doivent auſſi peſer également.

La 2 figure repreſente la

pinnulle qui porte la croiſée des
filets.

La 4 figure eſt celle qui porte
le verre objectif.

Chacune de ces pinnulles eſt
un petit chaſſis, qui entre dans
les couliſſes qui ſont aux deux
côtés de la partie ſuperieure du
tuyau F G.

On met dans les vaſes A R C,
B D T autant d'eau qu'il eſt neceſſaire pour faire élever les boëtes qui portent les pinnulles,
enſorte qu'elles repondent à
l'ouverture du Canon A B.

Maniere de rectifier ce Niveau.

On poura rectifier ce Niveau
par l'une des deux manieres qui
ſont propoſées cy-devant ; par
exemple, en ſe ſervant de la ſeconde maniere on marquera aux
deux extremités de la ligne que
l'on a meſurée de 300 toiſes, les

hauteurs des points de visée,
l'inſtrument étant au milieu, &
par ce moyen l'on determinera
l'endroit ou l'inſtrument doit
viſer lors qu'il ſera póſé à l'une
des deux extremités de cette
ligne ; & l'on poura élever ou
abbaiſſer au long des couliſſes
l'un des deux chaſſis qui ſervent
de pinulles , ou bien en lever
l'un, & baiſſer l'autre tant qu'il
ſera neceſſaire pour viſer au
point déterminé ; & lots qu'ils
ſeront bien poſés on les poura
arreſter en cette ſcituation en
mettant par deſſus & par deſſous de la cire blanche ou jaune
un peu amólie.

Si la correction qu'il faut faire
n'eſt pas conſiderable, il n'y aura
qu'à abbaiſſer ou élever un peu
le filet horizontal qui eſt ſur la
pinnulle, & les laiſſer dans l'endroit où elles doivent être po-
ſées.   I iiij

Autre manière de rectifier ce Ni-
veau sans changer de station.

Cette manière de rectification
demande que les pinnules soyent
égales tant dans leur hauteur &
leur largeur, que dans leur pesanteur, afin de les pouvoir mettre
dans les coulisses de haut en bas,
& de les pouvoir changer d'une
boëte à l'autre, sans que dans ce
changement les boëtes sur les-
quelles on les met enfoncent
plus ou moins dans l'eau.

En donnant d'abord un coup
de niveau on remarquera exactement l'objet où vise la croisée
des filets, & ayant renversé le
chassis qui porte le verre objectif dans sa coulisse, l'on observera si elle vise encore au même
endroit où elle visoit auparavant
le renversement: car si elle donne
dans le même point, c'est une
marque asseurée que le centre

de la double convexité du verre
eſt dans le milieu de la hauteur
de ſon chaſſis ; s'il n'y eſt pas il
faudra tourner le verre dans ſon
chaſſis ou bien l'y élever ou abbaiſſer tant qu'il s'y rencontre en
reïterant l'operation. Il faudra
faire la même choſe pour l'autre chaſſis ou pinnulle qui porte
les filets ; car ſi l'objet repreſenté ſur leur croiſée s'y trouve
dans la premiere & dans la ſeconde poſition renverſée, il eſt
évident que cette croiſée ſera
au milieu de ſon chaſſis, & ſi elle
n'y eſt pas on élevera ou abbaiſ-
ſera le filet horizontal tant qu'-
elle y ſoit placée.

Par ces deux operations on
eſt aſſeuré que la lunette eſt cen-
trée de tellé ſorte, que la ligne
qui và de la croiſée des filets
au milieu de la hauteur de la
pinnulle du verre objectif, de-

meure toûjours dans le même
plan qui paſſe par le filet hori-
ſontal de la lunette , dans chaque poſition ; mais il faut connoître encore ſi ce plan eſt parallele à la ſuperficie de l'eau que
nous poſons être de niveau.

Ayant obſervé le point de viſée où donne la lunette on
changera les chaſſis qui portent
les pinnulles d'une boëte à l'autre , & par conſequent les boëtes
ſeront auſſi changées d'un vaſe
dans l'autre , alors ſi la lunette
donne encore le même point
de viſée qu'elle marquoit auparavant , le niveau ſera entierrement rectifié ; mais ſi elle donne trop haut ou trop bas, il faudra élever ou abaiſſer l'endroit
ſur lequel les chaſſis portent, tant
que la lunette viſe au point, qui
eſt au milieu des deux points de
viſée que l'on aura trouvés , ce

que l'on poura encore verifier en repetant le changement des pinnulles, & des boëtes dans les vafes par plufieurs fois.

On pouroit fe fervir d'un petit fil d'argent, dont on prendroit la partie fuperieure ou inferieure, pour determiner les points de vifée au lieu du filet de ver à foye, qui fe pouroit relafcher à caufe de l'eau des vafes qui en eft fort proche.

Les boëtes qui portent les pinnulles ont été faites égales en figure, & en pefanteur, afin qu'elles puiffent s'élever, ou s'abbaiffer également lorfque l'eau fe condenfe ou fe rarefie.

On doit remarquer que ce niveau determine le niveau apparent à l'égard du point qui eft au milieu des deux pinnulles, mais la croifée des filets en eft

ſi proche que l'on peut prendre
les meſures à ce point comme
s'il étoit entre les deux pinnulles , ſans que cela puiſſe apporter aucune erreur ſenſible dans
les hauteurs des nivellemens.

Ce niveau ſe peut tranſporter
aiſément en conſervant les bo-
ïtes & les pinnulles dans un é-
tuy , ſans qu'il ſoit beſoin de le
rectifier toutes les fois que l'on
s'en ſervira, & même en le portant
d'un lieu à un autre en nivelant,
il ne faudra jamais laiſſer les
pinnulles dans les vaſes où eſt
l'eau , de crainte que dans l'é-
branlement du chemin il n'entre quelque goute d'eau dans les
tuyaux qui porte les pinnulles;
ce qui feroit que les boëtes en-
treroient davantage dans l'eau
étant alors plus peſantes.

On poura donner à cet inſtrument quel pied on jugera le plus

à propos , ou en le pofant fur
un petit banc pour l'élever un
peu de terre , ou en l'attachant
contre une planche & la pofant
fur le bas du chevalet , ou enfin
en ajoutant trois ou quatre bouts
de tuyaux à charnieres aux deux
boëtes pour y ficher des bâtons
de quelle grandeur on voudra ,
qui luy ferviront de pied , comme on fait ordinairement aux
demi-cercles dont on fe fert en
campagne pour lever des plans.

❊❊❊❊❊❊❊❊❊❊❊❊❊❊❊❊❊❊❊❊

CHAPITRE III. ●

De la Pratique du Nivellement.

IL reste maintenant à parler
de la Pratique du nivellement, lequel est ou simple &
immediat d'un point à un autre;
ou bien composé de plusieurs
nivellemens simples & liés ensemble comme nous explique-
rons dans la suite.

Aprés ce qui a été dit à la fin
du premier chapitre, on ne croit
pas qu'il reste beaucoup de difficulté touchant le nivellement
simple, où il s'agit d'établir par
quelque moyen que ce soit la
ligne du vray niveau, dont les
deux extremités servent à trouver la difference du vray niveau
entre les deux points proposés
à niveller, que nous appellerons

Fig. 1.

Fig. 2

Fig. 3

Les points B D font les termes du nivellement.

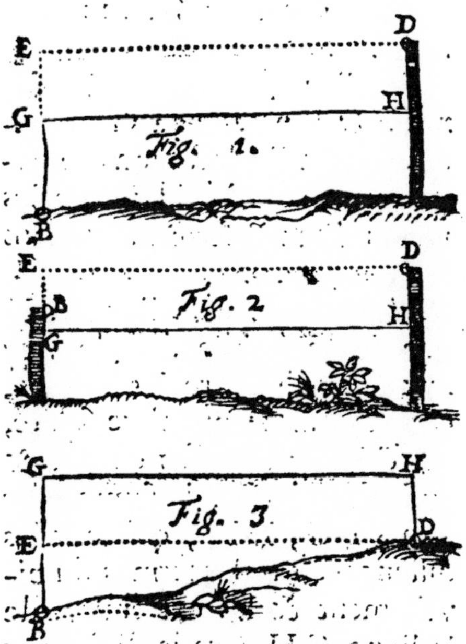

Les extremités G H de la ligne G H font deux points dans
le vray niveau aux ſtations B

D, c'eſt à dire au deſſus ou audeſſous des termes du nivellement.

Par l'un des termes D ſoit
mené D E parallele à G H juſqu'au point E à la ſtation de l'autre terme : Il eſt évident que les
points D & E ſeront auſſi dans
le vray niveau.

Maintenant ſi la ligne G H
que l'on a établie dans le vray
niveau paſſe entre les termes,
comme dans la premiere figure,
ou G H eſt audeſſus de B, &
audeſſous de D, la ſomme des
lignes B G, D H, qui ſont les
diſtances entre les termes du nivellement & les extremités de
la ligne G H, ſera la difference
du niveau des termes propoſés,
ce qui eſt évident, car la ligne
B E, qui eſt cette même difference de niveau eſt égale à B G,
& à D H enſemble, car G E &
D H

D H font égales, à caufe des parallèles G H, E D.

Mais fi les termes B, D font tous deux audeffus, ou audeffous de la ligne G H, comme dans les 2 & 3 figures, la différence des diftances B G, D H entre les termes, & la ligne G H, fera la différence des termes propofés à niveler; car la ligne B E, qui eft cette différence, eft égale à la différence des lignes B G, D H; où l'on doit remarquer que fi la ligne du niveau G H eft audeffous des termes, fi B H eft plus grande que B G le terme D fera plus élevé que le terme B, comme dans la deuxiéme figure; mais au contraire, fi la ligne du niveau G H eft au-deffus des termes, & que B G foit plus grande que D H, le terme B fera plus bas que le terme D, comme dans la 3ᵉ figure.

K

Il arrive quelque fois que la ligne du niveau paſſe par l'un des termes, & donne tout d'un coup leur difference de niveau, ſans qu'il ſoit beſoin d'addition, ou de ſouſtraction.

Nous avons déja expliqué dans le premier Chapitre, que le nivellement ſimple n'a pas beſoin de preuve, ny de correction, lorſque l'inſtrument a été placé au milieu, ou a égale diſtance des termes à niveler : mais lorſqu'il eſt placé dans un des termes, & que l'on eſt pas aſſuré de ſa juſteſſe, ou bien quand on en ſeroit aſſuré, ſi l'on veut éviter la peine de meſurer la diſtance entre les termes, ſans laquelle on ne peut pas ſçavoir au juſte quelle doit être la correction pour le hauſſement du niveau apparent par deſſus le vray, ou enfin lorſque l'on craint la re-

fraction, il faut se servir du nivellement reciproque pour trouver immediatement la veritable
difference de niveau entre les
deux termes proposés ; dont voicy les regles.

1. *Regle.*

Au nivellement reciproque,
si de l'une des stations le terme
nivelé paroît autant au-dessous,
que dans l'autre nivellement,
l'autre terme nivellé paroît au
dessus, c'est une marque asseurée que chacun des deux nivellemens reciproques sera juste :
mais si l'un des deux termes paroît plus , ou moins bas par le
second nivellement , que l'autre
terme n'avoit été trouvé haut
par le premier , la moitié de la
somme de ce que l'on aura conclu , tant d'élevation , que d'abbaissement , sera la juste diffe-

K ij

rence requife du niveau des deux termes propofés, dont l'un fera plus bas, ou plus élevé que l'autre.

Exemple. Si par le premier nivellement l'un des termes a paru haut de fix pieds, & que par le fecond nivellement l'autre terme paroiffe bas de 8 pieds, 8 & 6 font 14 dont la moitié 7 eft la veritable difference requife entre les termes propofés à niveller.

2. *Regle.*

Si par les deux nivellemens les termes paroiffent tous deux également hauts, ou également bas, ils font effectivement de niveau entr'eux : mais fi l'un des deux eft plus élevé, ou plus bas que l'autre, & qu'ils paroiffent pourtant tous deux plus hauts, ou plus bas, il fau-

dra prendre la difference des
deux hauteurs, ou des deux ab-
baiſſemens dont la moitié ſera
la veritable hauteur, dont celuy, qui a paru le plus haut des
deux, ſoit qu'ils paruſſent tous
deux hauts, ou tous deux bas,
eſt effectivement plus haut que
l'autre.

Exemple. Si par le premier nivellement un des termes a paru
haut de 6 pieds, & que par le
ſecond nivellement reciproque
l'autre terme paroiſſe auſſi haut,
mais de 8 pieds, la difference de
ces deux hauteurs eſt 2 pieds
dont la moitié, qui eſt un pied,
eſt la veritable hauteur de celuy qui avoit paru haut de 8
pieds, dont il ſurpaſſe l'autre.

Demonstration des deux Regles precedentes.

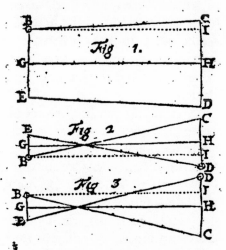

Les points B & D ſont les termes du nivellement, que l'on a propoſés, leurs differences de niveau reciproques, mais apparentes-ſeulement, ſont D C & B E ; car les lignes de viſée ſont BC, & D E ; ſi l'on coupe en deux

également D C en H, & B E
en G, les points G H feront de
niveau entr'eux, par ce qui a
été demontré au premier Chapitre ; ayant donc mené B I parallele à G H, on aura D I pour
la veritable difference du niveau
des termes B, D.

Il est évident que lorfqu'un
des termes fera au deffus de G
H, & l'autre au deffous (comme dans la premiere figure, qui
eft pour la premiere Regle) D I
fera compofée de D H moitié
de D C, & de H I, ou G B
moitié de B E, & par confequent
D I fera égale à la moitié de la
fomme de D C & B E:

Mais fi les termes B, D font
tous deux au deffous, ou bien
tous deux au deffus de G H;
(comme dans les 2ᶜ & 3ᶜ fig.)
alors D I fera égale à la moitié
de D C moins la moitié de B E,

ce qui revient à la même chose
que de prendre la moitié de la
difference des entieres C D , B
E , comme l'on a fait dans la
seconde regle cy-dessus.

L'on ne parle point de la refraction, car on la suppose égale
de part & d'autre dans chacun
des nivellemens reciproques
comme l'on a dit au premier
Chapitre.

Pour ce qui est du nivellement composé de plusieurs nivellemens simples , il faut que la
liaison en soit telle , que deux
nivellemens simples consequu-
tifs ayent toûjours un même terme du nivellement, qui leur soit
commun.

EXEMPLE.

A & F sont deux termes ex-
tremes qui sont proposés à niveller : mais on est obligé par
quelques empêchemens de suire
ce

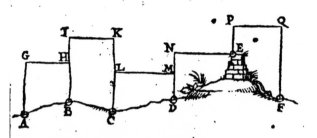

ce nivellement en plufieurs operations, par le moyen des autres
termes B, C, D, E pris entre
deux à volonté fuivant la commodité des lieux, chacun defquels eft commun à deux nivellemens, comme par exemple B
eft commun à B H hauteur de
G H, & à B I hauteur de I K,
& ainfi des autres.

Or la maniere la plus feure
dans la fuite des nivellemens,
eft de garder toûjours, autant
qu'il eft poffible, une marche
alternative entre l'inftrument, &
les bâtons où eft attaché la carte

L

qui fert de point de visée, j'entens, que si au premier coup de
niveau le bâton est demeuré derriere, & que l'instrument ait
été porté devant, l'instrument
demeurera à la même place, &
le bâton prendra le devant pour
le second nivellement ; & ainsi
toûjours de suite par stations,
qui soient de deux en deux en
distances à peu prés égales ; je
dis à peu prés, ce qui sera assés
juste soit par la simple estima-
tion, soit par le moyen de la
lunette dans laquelle un même
objet occupe certaine partie de
l'ouverture plus, ou moins grande, à proportion qu'il est plus,
ou moins éloigné.

Mais parce que l'on ne poura
toûjours garder la marche alternative entre l'instrument & les
bâtons, on aura soin de recompenser en-arrierre les coups qui

auront été faits en avant ; j'entens que si, par exemple les bâtons ont marché devant deux
fois de suite , ils demeureront
aussi derriere autant de fois ; &
il faudra se souvenir que pour
recompenser un grand coup de
niveau, il en faut quatre moindres, dont chacun soit égal à la
moitié du grand, d'autant que
pour demi-distance il n'y a que
le quart de haussement du niveau apparent, suivant la raison
des quarrés. L'on suppose toûjours que l'instrument soit juste,
parce qu'autrement il en faudroit considerer l'erreur , laquelle seroit en raison des distances.

Il arrive souvent qu'il faut niveler deux points qui sont au
pied d'une montagne l'un d'un
côté , & l'autre de l'autre, ensorte que la montagne est entre
L ij

deux ; en ce cas on eſt obligé de
faire pluſieurs coups de niveau
toûjours en montant d'un côté,
& en deſcendant de l'autre ; &
ſouvent la commodité des lieux
ne permet pas, que les coups de
niveau que l'on donne en deſcendant ſoient égaux aux premiers que l'on a faits en montant, parce que le terrein en
determine ordinairement la longueur ; & comme il eſt toûjours
bon, de les faire les plus longs
qu'il ſera poſſible, afin que la
ſomme des nivellemens ſoit
moins ſujette à erreur, il ſera
plus à propos de meſurer la diſtance entre les nivellemens pour
leur donner à chacun la correction qui leur convient ; il n'eſt
pas neceſſaire que cette meſure
ſoit ſi exacte, car elle ne ſert
que pour avoir la correction du
niveau apparent par deſſus le

vray , laquelle ne change pas
fenfiblement pour un peu de difference. On fuppofe toûjours
dans toutes ces operations que
l'inftrument eft bien rectifié.

Les chofes étant ainfi foi-
gneufement executées , il n'y
aura rien à craindre pour la ju-
fteffe du nivellement , pourveu
que dailleurs l'inftrument étant
bien gouverné , on tienne un
compte fort exact des hauteurs
des lignes du nivellement, comme A G , B H , B I , & le refte.

La pratique ordinaire pour tenir regiftre des obfervations , eft
d'écrire aprés chaque coup de
niveau particulier , ce qui en refulte ; & de faire deux colomnes,
l'une que l'on appefle des mon-
tans & l'autre des defcendens :
mais fans s'embaraffer en chemin
d'aucun calcul , on peut écrire
entierement les obfervations , en

L iij

telle maniere , qu'il eft facile
d'en faire enfuite le calcul tout
à loifir.

Pour cet effet fans faire aucune diftinction entre les bâtons,
& l'inftrument, confidèrant chaque ligne du nivellement comme foutenuë par les deux bouts,
on tient compte de deux hauteurs , l'une premiere que l'on
écrit à la gauche , & l'aurre feconde que l'on écrit à la droite
vis à vis la premiere , il y aura
donc une colomne de toutes les
hauteurs, que l'on appelle pre-
mieres , & une autre de toutes
celles que l'on appelle fecondes,
felon l'ordre de la marche du
nivellement.

EXEMPLE.

Suppofé que l'on ait com-
mencé par A. On écrit dans la
premiere colomne la hauteur A

G, & à côte dans la feconde la
hauteur B H ; & enfuite on é-
crit encore dans la premiere la
hauteur B I , & dans la feconde
la hauteur C K ; & de même
dans la premiere la hauteur C L,
& dans la feconde la hauteur D
M ; & ainfi de fuite ; ce qui re-
prefentera diftinctement tous les
nivellemens ; & s'il arrive que
la ligne du nivellement manque
de hauteur par un bout, comme N E dans la mefme figure
on marque un zero dans la colomne à la place de la hauteur
de la ligne N E par fon extremité E, afin de conferver la diftinction de tous les nivellemens.

Enfin s'il arrive que la ligne
du nivellement manque non feulement de hauteur par un bout,
mais encore qu'elle foit plus baffe qu'un des termes , ou même

L iiij

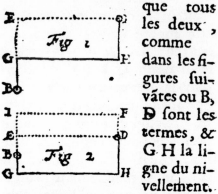

que tous
les deux ,
comme
dans les fi-
gures fui-
vátes ou B,
D font les
termes, &
G H la li-
gne du ni-
vellement.

Dans le premier cas represen-
té par la premiere figure , lorfque la ligne du nivellement paffe
au deffous du plus haut terme D
comme en H , & au deffus du
plus bas terme B , comme en G ,
on écrit zero pour la hauteur de
la ligne du niveau G H au terme D , & pour la hauteur de la
même ligne du niveau au terme
B on ajoute D H avec B G , qui
fera toute la hauteur B E , que
l'on écrit pour la hauteur de la

ligne du niveau au terme B, comme si effectivement la ligne de niveau avoit été E D.

Mais au second cas représenté dans la 2ᵉ figure, lorsque les deux termes B, D font au dessus de la ligne du nivellement, on transpose les deux hauteurs B G, D H, écrivant dans la premiere colomne celle qui suivant l'ordre du nivellement doit être dans la seconde ; & reciproquement en mettant dans la seconde celle qui devoit être effectivement dans la premiere. La demonstration de cette pratique se connoîtra facilement, si l'on suppose que la ligne H D soit prolongée en F, en sorte que D F soit égale à B G, & ayant mené F I parallele à G H, cette ligne F I sera aussi de niveau, & on la poura considerer comme une ligne du nivellement ; mais à cau-

se des lignes paralleles, la figure
H I est un parallelogramme
dont les côtés opposés sont é-
gaux ; c'est pour quoy, puisque
D F est égale à B G, B I sera
égale à D H, car G I & H F
sont égales ; & par le moyen de
cette transposition l'operation se
trouve redite comme si effectivement la ligne F I étoit celle
nivellement, de sorte que dans
ce dernier cas on fait monter la
ligne du nivellement au dessus
des deux termes, au lieu que dans
le premier elle est seulement élevée autât qu'il est necessaire pour
la faire passer par le plus haut.

Avec toutes ces precautions
on reduit les operations comme
si la ligne du nivellement n'é-
toit jamais au dessous des termes du nivellement, ce qui est
necessaire pour observer une
même maniere d'écrire dans les
memoires.

Les Nivellemens étant ache-
vés, on fait deux sommes l'une
de toutes les hauteurs de la premiere colomne à gauche, & l'autre de celles de la seconde à
droit ; & si la premiere somme
est plus grande que la seconde,
le dernier terme sera plus haut
que le premier de la difference
des sommes : mais si au contraire
la seconde somme se trouve plus
grande que la premiere, le dernier terme sera plus bas que le
premier, de la difference des
sommes.

DEMONSTRATION.

Puisque la ligne du nivellement, qui par les precautions
que l'on a apportées, doit être icy
confonduë avec la ligne du vray
niveau, n'est jamais plus basse
que le plus haut des deux termes de chaque nivellement par-

ticulier, où que s'il arrive autrement, on en fait la reduction :
il s'enfuit que le plus bas des
deux termes de chaque nivellement, eft toûjours du côté où
la ligne du nivellement a le plus
de hauteur, & qu'ainfi on peut
dire qu'à chaque nivellement
particulier on eft allé en montant, lorfque la plus grande hauteur de la ligne du nivellement
a été écrite dans la premiere
colomne ; & qu'au contraire on
eft allé en defcendent, lorfqu'elle a été mife dans la feconde : de forte que fi à chaque
nivellement au lieu d'écrire les
deux nombres tous entiers chacun dans fa colomne, on avôit
feulement retenu leur difference
pour l'écrire à la place du plus
grand nombre, & que voulant
conferver l'ordre des nivellemens, on eut rempli d'un zero

la place de l'autre nombre ; on
auroit deux colomnes, qui repre-
fenteroient la fuite de tous les nivellemens, & dont la premiere
feroit voir de combien on feroit
monté & la feconde de combien
on feroit defcendu : de maniere
que fi l'on étoit plus monté que
defcendu ou bien ce qui eft la
même chofe , fi la fomme des
hauteurs de la premiere colomne étoit plus grande, que celle
de la feconde, la difference des
fommes feroit la hauteur du
dernier terme par deffus le premier ; & au contraire fi l'on étoit
plus defcendu que monté , le
premier terme feroit plus haut
que le dernier.

Si l'on écrivoit feulement les
differences des hauteurs des lignes du nivellement, on ne feroit autre chofe que de retran-
cher certains nombres , qui fe

trouvent également dans chaque colomne, lorfque l'on écrit
tout au long ; comme nous avons
dit cy-devant, ce qui ne change
rien à leur difference ; & l'on é-
pargne feulement la peine de
faire plufieurs fouftractions ou
l'on pourroit fe tromper aife-
ment dans un temps principalement où l'on eft d'ailleurs affés
embaraffé, & occupé à faire les
obfervations avec exactitude.

Il faut obferver foigneufe-
ment dans cette methode de
prendre bien garde de ne pas
écrire dans la premiere colomne
ce qui doit être mis dans la feconde, ny au contraire de placer dans la feconde ce qui doit
être dans la premiere : c'eft-
pourquoy il eft tres à popos, que
plufieurs perfonnes écrivent feparement les obfervations, &
que de temps en temps ils con-

frontent leurs memoires ; il fera
bon auffi de laiffer en chemin
certaines marques ou repaires,
pour y avoir recours en cas de
doute, ou de meconipte, &
pour n'être pas obligé à refaire,
entierrement le travail.

S'il arrive en chemin que la
ligne du nivellement donne
dans le fommet de quelque toiét,
ou dans quelqu'endroit, qui
foit facile à reconnoître de plufieurs lieux ; en ce cas ayant é-
crit dans la premiere colomne,
la hauteur de l'inftrument, on
ira au delà de ce point auffi
loin que l'on en avoit été éloigné en decà ; & fi par hazard on
trouve un endroit d'où ce même objet foit vû dans le niveau
apparent, comme dans la premiere ftation, on écrira dans la
feconde colomne la hauteur de
l'inftrument pour cette feconde

ſtation ; où même ſi elle eſt
égle à la premiere, on les poura ſupprimer toutes deux , &
'on continuera le nivellement
comme auparavant : car on doit
tenir pour maxime , qu'on peut
ſupprimer les nombres qui ſe
trouveroient également dans
chaque colomne : mais ſi au cas
propoſé , la ſeconde ſtation ,
d'où l'on voit le même objet
en eſt moins éloignée que la
premiere ; il faudra diminuer la
ſeconde hauteur de l'inſtrument
de la difference des hauſſemens
du niveau apparent pour la diſtance de chaque ſtation ; & au
contraire il faudra l'augmenter,
ſi l'on ſe trouve plus éloigné.

DEMONSTRATION.

A ſoit le centre de la terre, C
ſoit un point audeſſus de la circonference , lequel ſe trouve
dans

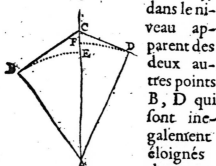

dans le niveau apparent des deux autres points B, D qui font inegalement éloignés du centre A; E eft dans le vray niveau du point B; & F dans celuy de D; & parce que les angles A B C, A D C font fuppofés droits, il eft évident par la 47 propofition du premier livre des Élemens d'Euclide, que la fomme des quarrés de A B & de B C fera égale à la fomme des quarrés de A D & de D C, qui font chacune égale au quarré de A C; d'où il s'enfuit, que fi la ligne droite eft plus petite que BC, A D fera plus grande neceffairement que A B; de for-

M

té que le point D, qui est le moins
éloigné de C, sera plus éloigné
du centre de la terre A, que le
point B, & par conséquent il
sera plus haut : & si du centre
A l'on décrit les ares de cercle
B E, D F, il est évident, que E
C est le hauffement du niveau
apparent par deffus le vray à l'é-
gard du point B, & femblablement F C est celuy qui convient
au point D ; c'est pourquoy E F
est la différence des hauffemens
du niveau apparent pour les deux
point B, D.

On remarquera que les hauffemens C E, C F repondent à
des rayons de différentes lon-
gueurs, comme font A B, A D,
aulieu que les hauffemens du niveau apparent, que l'on a don-
nés dans le premier chapitre font
calculés fur un feul rayon, ou
demi-diamettre : mais cette dif-

ference dans la pratique étant
comparée au demi-diametre de la
terre, ne peut être d'aucune confideration.

On feroit trop long fi l'on vou-
loit rapporter tous les cas en particulier qui peuvent arriver dans
la fuite du nivellement compofé,
mais un obfervateur un peu in-
telligent ne rencontrera aucune
difficulté qui puiffe l'arréter
s'il a bien entendu ce qui a été
expliqué cy-deffus.

On ne dit rien de la preuve du
nivellement compofé, parce
qu'il la porte avec foy, fuppo-
fé que tout foit executé de la
maniere, que nous avons dit, &
que d'ailleurs l'on ait tenu un
regiftre exact de toutes les hauteurs des lignes du nivellement.

F I N.

RELATION

De plusieurs Nivellemens faits
par ordre de sa Majesté.

Par M. Picard.

SA Majesté ayant re-
solu de faire conduire
à Versailles la meil-
leure eau pour boire,
que l'on pouroit trouver dans les
lieux circonvoisins, on proposa
celle de la montagne de Roquencourt comme une des plus
proches, & des plus faines de tout
le pays : mais quoy que cette
proposition parût d'abord impossible à cause que cette eau
étoit à plus de 19 toises de pro-

fondeur fous le terrein de la
montagne, comme il étoit facile
à connoître par le puis des Effarts, qui eft entre Roquencourt,
Bailly & Marly, on ordonna
pourtant à M. Picard de la niveler pour fçavoir à quelle hauteur elle pouvoit être à l'égard
de Verfailles, & aprês plufieurs
nivellemens qu'il fit a diverfes
fois, tant en gros, qu'en détail,
il trouva que la fuperficié de
l'eau de ce puis, qui eft éloigné
de Verfailles d'environ 3000
toifes, étoit à peu prês de niveau avec le Rez de chauffée du
Château.

On donna ordre enfuite au
fieur Jongleur de ramaffer toutes les eaux de cette montagne
& de les faire conduire à Verfailles. Il fit pour cet effet fous
terre un long aqueduc, dont la
fortie eft proche de Roquen-

court, environ 3 pieds plus bas
que la superficie de l'eau des
Essarts suivant les nivellemens
que l'on en avoit faits ; & aprés
que l'aqueduc a été entierement
achevé, les choses se sont trouvées par l'experience tellement
conformes aux nivellemens,
qu'il ne se pouvoit rien de plus
juste.

La méme chose est arrivée à
l'égard des eaux que le sieur Jongleur à encore receüillies entre
Roquencourt & Bailly pour
Triannon, & du côté de S' Cir
pour la Menagerie ; ce que l'on
a crû devoir rapporter, comme
autant de preuves de la justesse
des manieres de niveler que l'on
a enseignées cy-devant : mais
en voicy d'autres qui sont bien
plus considerables.

La proposition la plus hardie,
que l'on ait faite pour donner des

eaux à Versailles, a été celle de
M. Riquet, qui est assés connu
par l'entreprise de la Jonction
des Mers. Il avoit veu que la
riviere de Loire avoit beaucoup
plus de pente que la Seine, d'où
il avoit conclu que le lit de la
Seine, étoit beaucoup plus bas
que celuy de la Loire, & sur ce
fondement il s'étoit persuadé
que l'on pouroit conduire un canal depuis la riviere de Loire
jusques au Château de Versailles. Il n'avoit pas même fait difficulté d'avancer, qu'il pouroit
conduire cette eau sur le haut de
la Montagne de Sataury, qui est
plus haut de 20 toises que le
Rez de chaussée du Château;
ce qui auroit pû fournir un
ample refervoir pour l'embe-
lissément de ce lieu. Une proposition si avantageuse ne man-
qua pas d'être écoutée favora-

blement ; mais comme l'entreprise étoit d'une grande confe-
quence, il s'agiſſoit de l'examiner avec tous les ſoins poſſibles,.
ce que l'on remit entre les mains
de M. Picard , qui fut accompagné de M. Niquet dans cet
ouvrage.

C'étoit vers la fin du mois de
Septembre de l'année 1674. &
parce qu'il reſtoit peu de temps
commode pour faire des niyel-
lemens, il crut qu'il étoit à propos d'abbord d'examiner la choſe en gros ; afin que s'il y avoit
quelqu'apparence de poſſibilité,
on la put refaire dans la ſuite
avec toutes ſortes de precautions.

Il avoit ſçeu que M. Riquet
avoit deſſein de prendre la Loire
au deſſus de Briare , & par confequent qu'il falloit traverſer le
le Canal : c'eſt pourquoy il s'ap-
pliqua

pliqua à bien connoître la difference du niveau entre Versailles,
& le plus haut point du canal
de Briare ; & pour cet effet il
jugea, qu'il n'y avoit rien de plus
expedient que de bien determiner la hauteur de Versailles au
dessus de la Seine, puis suivre
en remontant les rivieres de Seine, & de Loin jusques à Montargis où commence le canal de
ce côté-là.

La Seine entre Seve & les
Moulineaux, où elle approche
le plus de Versailles, étoit alors
basse de 3 T. au dessous du pied
du mur des Moulineaux, & en
cet état elle fut trouvée plus basse que le Rez de chauffée du
Château de Versailles de soixan-
te toises $\frac{1}{2}$, ce qui fut verifié
en allant & venant. Puis on
examina la pente de la Seine depuis Valvint jusques à Seve de

N

la maniere suivante.

Le 27 Septembre étant proche le Clos des Capucins entre Seve & Meudon à la hauteur de 366 pieds ½ au deffus de la Seine, on trouva en plein midy, que le fommet de la Tour meridionale de Nôtre-Dame de Paris étoit bas de 16 minuttes 40 fecondes fous le niveau apparent. L'Obfervation fut faite avec le niveau où l'on avoit fait marquer des minuttes fur la lame pu eft attachée la petite platine d'argent dont le centre determine le point du perpendicule, comme il a été dit dans la defcription du niveau.

La diftance en ligne droite entre la ftation proche le mur des Capucins, & la Tour de N. D. de Paris étoit de 5040 toifes, ce que l'on fçavoit affés exactement par la carte des environs de Paris, que le fieur Vivier avoit faite, d'où il s'ensuivoit, que l'abbaissement apparent de ladite Tour à l'égard du niveau apparent étoit de 147 pieds.

Le lendemain à pareille heure le niveau ayant été porté au haut de la Tour de N. D. l'endroit de la station des Capucins parut audessus du niveau apparent de 11 minuttes 20 secondes, ce qui donnoit une hauteur apparente de 102 pieds, laquelle, étant ajou-tée à la depression de la Tour de N.D. observée de 147 pieds à la premiere station faisoit ensem-ble la somme de 249 pieds, dont la moitié, sçavoir 124 pieds ½ étoit la veritable difference du niveau de ces deux stations, & dont celle des Capucins de Meudon étoit plus haute.

La hauteur de ladite Tour ayant été exactement mesurée depuis le pavé de l'Eglise jus-

N ij

ques au haut du parapet, ou ap-
puy, elle fut trouvée de 34 toi-
*La Tour
Septen-
trionale
eft plus
haute que
l'autre de
8. pouces*
fes, ou de 204 pieds ; mais la
riviere de Seine étoit alors plus
baffe que le pavé de l'Eglife de
27 pieds ; & par confequent depuis l'eau de la Seine jufques au
haut de ladite Tour il y avoit
231 pied, à quoy fi l'on ajoute
l'excés du vray niveau dont la
ftation des Capucins étoit *plus*
haute que celle de la Tour, qui
eft de 124 pieds $\frac{1}{2}$, on aura 355
pieds $\frac{1}{2}$ dont la Seine vers N.
D. à Paris eft plus baffe que la
ftation des Capucins de Meudon : Mais on avoit trouvé que
cette même ftation étoit plus
haute que la Seine prife entre
les Moulineaux & Séve, de 366
pieds $\frac{1}{2}$; donc la Seine étoit
plus baffe vers Séve qu'à Paris
de 11 pieds, ce, qui devoit être
la pente de cette riviere entre ces

deux lieux : mais ayant fait ensuite le nivellement en détail ,
& par stations mediocres , on
trouva qu'il n'y avoit que 8 pieds;
ce qui commença de rendre suf-
pecte la premiere maniere dont
on s'étoit servi.

Du haut de la même Tour de
N. D. on avoit observé la butte
du Griffon, qui est entre Ville-
neuve Saint Georges & Yerres,
& elle avoit paru basse de 25 secondes, & parce que la distance est de 9070 toises , il devoit
y avoir 7 pieds de pression apparente : mais la Tour de N. D.
étant ensuite observée de dessus
la butte du Griffon parut basse
de 9 minuttes ou de 142 pieds,
dont ayant ôté les 7 pieds cy-
dessus ; & prenant la moitié du
reste, on trouva que la veritable
difference du niveau étoit de 67
pieds $\frac{1}{2}$, laquelle étant ajoutée

aux 231 pieds de hauteur de la
Tour de N. D. à l'égard de la
Seine ; on conclut que la Seine
à Paris étoit à 298 pieds $\frac{1}{2}$ sous
le vray niveau du Griffon.

Du même lieu du Griffon le
haut du mur de la clôture de la
maladrie appellée S. Lazare prés
Corbeil, avoit paru bas de 9 mi-
nut. 30 fec. étant éloignée de
7200 toifes, & par conféquent
la depreffion apparente étoit de
119 pieds. La butte du Griffon
obfervée enfuite du même lieu
de S. Lazare fut trouvée haute
de 1 min. 35 fec. ou de 21 pieds
qu'il faut ajouter aux 119 trouvés cy-deffus , & prendre la
moitié de la fomme , qui fera
70 pieds pour la vraye hauteur
du Griffon par deffus le mur de
de S. Lazare : mais le mur de
S. Lazare étoit à 202 pieds audeffus de la Seine prés Cor-

Beil ; & par consequent la Seine
à Corbeil étoit plus basse que la
butte du Griffon de 272 pieds :
mais on avoit trouvé que la Seine à Paris étoit plus basse que le
même Griffon de 298 pieds ½ ;
donc la pente de la Seine depuis
Corbeil jusques à Paris devoit
être de 26 pi. ½ au lieu que par
les nivellemens faits en detail le
plus exactement qu'il fut possible, on ne trouva que 18 pieds,
à quoy on crût qu'il falloit s'en
tenir d'autant que pour se mettre entierement à couvert des
refractions aux grands coups des
nivellemens reciproques, il auroit fallû qu'ils eussent été faits
en même temps, joint que d'ailleurs la moindre erreur, que l'on
auroit pû commettre dans l'ob-
servation, auroit produit une tres-
grande variation : c'est pour-

quoy bien que l'on eut toûjours
été de la même maniere jufques
à Melun., on ne tint aucun
compte des grands, coups de
niveau., continuant de fuivre le
bord de la riviere jufques à Valvint, où étant arrivés on trouva que l'on étoit monté depuis
Corbeil de 15 pieds.

Pente de la Seine depuis Valvint
jufques à Séve.

De Valvint à Corbeil   15 pi.
De Corbeil à Paris   18
De Paris à Séve   8

    Somme 51 pieds., ou 8 toi-
fes ½.

    Depuis Valvint jufques à Sé-
ve la pente de la Seine eft d'environ 1 pied pour 1000 toifes de
chemin, tantôt un peu plus,
& tantôt un peu moins.

De Valvint on traverfàt droit en

nivelant jusques à Moret, & de
Moret le long des bords de la riviere de Loin jusques à Montargis, & l'on trouva que l'on étoit
monté de 16 toises, en quoy on
ne pouvoit pas se tromper con-
siderablement, quand on n'auroit fait que compter les moulins, qui sont sur ladite riviere,
estimant outre cela ce qu'il peut
y avoir de pente d'une chaussée
à l'autre.

On ne fit ensuite que mesurer
les sauts des Ecluses du Canal
de Briare, qui depuis Montargis
jusques au point de partage sont
au nombre de 28 faisant 42 toises de hauteur.

Du haut du Canal jusques à
   Montargis   42 T.
De Montargis à Valvint 16.
De Valvint à Séve   8. $\frac{1}{2}$
Donc du haut du Canal jusques

à Seve   66. $\frac{1}{2}$ Toi.

Mais de de Versailles à Séve

60. $\frac{1}{2}$

Donc le plus haut point, autrement le point de partage du Canal de Briare, est plus haut que le Rez de chaussée du Château de Versailles de 6. T.

Ce qui revient à peu prés au niveau de la superficie du reservoir du dessus de la Grotte.

On descendit ensuite vers la Loire, qui étoit pour lors fort basse, & en mesurant les sauts des Ecluses du Canal, qui sont de ce côté-là au nombre de 14. seulement, on trouva que depuis le point de partage jusques à la Loire, il y avoit 17 toises de *Le lit de* pente : de sorte que pour retrou-
la Loire ver le niveau du haut du Canal, *près Bria-* il auroit fallu prendre la Loire *re est* *plus haut* en remontant à 17 toises plus *de 41 toi-* *ses que* *celuy de* *la Seine* *à Val-*

haut qu'elle n'est aux environs
de Briare : mais avant que d'examiner jusqu'où il auroit fallu
remonter pour prendre la Loire,,
& avant que de reconnoître les
terreins, tant audelà, qu'au-deçà
du Canal pour conduire un
aqueduc ,, voyant qu'outre la
pente necessaire pour un si long
chemin, il s'en falloit 14 toises,,
que l'endroit du Canal par où il
auroit fallu faire passer l'aqueduc pour conduire l'eau de la
Loire, ne fût aussi haut que Sataury ; & ne sçachant pas dailleurs si l'on se contenteroit de la
chose telle qu'elle se trouvoit;
on pensa qu'il falloit verifier en
retournant les endroits où il pouvoit y avoir quelque doute dans
les operations.

M. Picard fit son Rapport de ce
qu'il avoit trouvé , sans sçavoir
que M. Riquet eût envoyé en

particulier des Nivelleurs aprés
luy, & quoy qu'il vid ce qu'on
avoit trouvé contre ce qu'il
avoit avancé, il ne laiſſa pas de
perſiſter dans ſa premiere propoſition juſqu'au retour de ſes
gens, car alors il demeura d'accord de tout ce que M. Picard
avoit rapporté, dont il fut entierrement convaincu, aprés que
l'on eût refait en ſa preſence les
nivellemens depuis Verſailles
juſques à Séve, & depuis Séve
juſques à la porte de la Conference : On en demeura là pour
lors, & l'on ne parla plus de cette affaire que quatre ans aprés
à l'occaſion de ce qui ſuit.

Sur les bords de la Foreſt
d'Orleans du côté de Pluviers
il y a pluſieurs eſtangs, & ſour-
ces vives qui forment deux ruiſ-
ſeaux, leſquels s'étant joints enſemble font la riviere de Juine,

dont la pente est si grande, que
depuis son commencement jusques au dessous de la Ferté-Allais où elle se joint à celle d'Estampes, elle fait aller environ
soixante moulins en peu d'espace
de chemin. M. Franchine avoit
eû la pensée de faire venir cette riviere à Versailles : mais
quelque temps aprés en l'année
1678 sur le rapport du sieur Vivier, qui faisoit alors la carte de
l'Orleannois on y pensa tout de
bon ; M. Picard eût ordre d'examiner si la chose étoit possible, & il fut accompagné dans
ce voyage par le sieur Vivier,
qui avoit renouvelé la proposition, & par le sieur Villiard son
aide ordinaire.

Il reprit les nivellemens qu'il
avoit déja faits jusques à Corbeil, & il les continua jusques à
Orleans.

Pentes depuis la Forest d'Orleans
jusques à Corbeil.

De l'Estang appellé le grand
Wau, qui est dans la Forest au-
dessus de Chemerolles, pente
jusques à l'Estang du Bois prés
Courcy   18 Pi.
De l'Estang du Bois à celuy de
Laas   18
De l'Estang de Laas au moulin
de Pluviers   55
De Pluviers au pont d'Anger-
ville la riviere   71 $\frac{1}{2}$
D'Angerville la riviere à Males-
herbes   17 $\frac{1}{2}$
De Males-herbes à Maisse 27
De Maisse à la Ferté-Alais 19
De la Ferté à Ormoy   31
D'Ormoy jusqu'au moulin d'Es-
sone   21
D'Essone à la Riviere   22
Somme 300 pieds, ou 50 Toises.

La Seine n'étoit pas plus haute que dans l'année 1674. lorfqu'on fit les Nivellemens, de
forte qu'ajoutant les 4 Toifes $\frac{1}{2}$
de pente, qui furent trouvées
alors depuis Corbeil jufques à
Séve, on trouve que les Eaux
de la Foreft d'Orleans ont 54
Toifes $\frac{1}{2}$ de hauteur audeffus
de la Seine vers Séve : Et parce-
que la hauteur du Rez de chauffée de Verfailles audeffus du
même endroit de la Seine à Sé-
ve, eft de 60 Toifes $\frac{1}{2}$; il s'enfuit que le Rez de chauffée du
Château de Verfailles eft plus
haut de 6 Toifes que l'Eftang du
grand Vau de la Foreft d'Orleans.

Les chofes ayant été trouvées
en cet état on ordonna à M. Picard de continuer les nivelle-
méns pour revoir s'il étoit pof-

sible de conduire un canal de la Loire jusques au Château de Versailles.

On avoit déja trouvé, qu'il falloit traverser le Canal de Briare, & par les derniers nivellemens on avoit aussi reconnû qu'il falloit necessairement passer entre l'Estang du grand Vau, qui s'écoule dans la Seine , & ceux de la Courdieu dont les eaux tombent dans la Loire ; & parce qu'il étoit impossible de niveler dans la Forest d'Orleans autrement que par les grandes routes , on suivit celle de Gergeau, & traversant depuis l'Estang du Bois en montant vers la Courdieu, on trouva que le plus haut terrein pris dans ladite route de Gergeau à 150 Toises environ audelà de l'endroit où elle est coupée par celle du hallier, étoit plus haut de 13 Toises que l'Estang

ftang du Bois ; & par confequent plus haut de 10 Toifes
que le grand Vau ; & qu'ainfi on
étoit plus haut de 4 Toifes que le
Rez de chauffée du Château de
Verfailles.

On trouva auffi par occafion
que le pied de la grille de l'E-
ftang le plus haut de la Cour-
Dieu, qui étoit pour lors à fec,
étoit plus haut d'environ 9 pieds,
que la fuperficie de l'Eftang du
grand Vau, ou 5 pieds que la
chauffée de ce même Eftang.
Ce que l'on met icy en faveur
de ceux qui voudront joindre
la Loire avec la Seine par ce
côté-là.

Il eût été impoffible à caufe
des bois de continuer l'examen
du terrein jufques au Canal de
Briare, à moins que de faire des
routes exprés au travers de la
Foreft ; & parce que d'ailleurs

O

on étoit dans l'impatience de
sçavoir comment ces derniers,
nivellemens s'accorderoient a-
vec ceux qui avoient été faits
quatre ans auparavant ; on descendit en nivelant jusques à la
Loire, qui étoit fort basse , &
qui étant prise audessous de la
porte de Bourgogne au pied
d'une vieille muraille appellée
le Crau, fut trouvée plus basse que le haut terrein de la Fo-
rest , de vingt - huit Toises $\frac{1}{2}$;
au lieu que depuis le même haut
terrein jusques à la Seine prise
à Corbeil il y avoit 60 Toises
de pente : de maniere que la
Seine à Corbeil étoit plus basse
que la Loire à Orleans de 31.
Toises $\frac{1}{2}$ les deux Rivieres é-
toient alors fort basses.

Pente de la Loire depuis l'entrée
du Canal de Briare jusques au
Crau d'Orleans.

Du Canal à Gien   10 pi.
De Gien à Rocole   10.
De Rocole jusqu'au port la
  Ronce   42.
Du port la R. à Gergeau 10
De Gergeau à Orleans 19.

    Somme 91 pieds, ou environ
15 toises ; & parce que le point
de partage est plus haut que la
Loire de 17 toises, il s'ensuit que
ledit point de partage étoit à
32 toises de hauteur au dessus de
la Loire prise à Orleans ; & si
l'on ajoute encore les 31 Toises
$\frac{1}{2}$ qu'il y a d'Orleans à Corbeil,
& les 4 toises $\frac{1}{2}$ de Corbeil à la
Seine proche de Seve, la somme
totale se montera à 68 toises
pour la hauteur du Canal de

Briare audeſſus de la Seine à
Séve : puis ayant ôté les 60 toiſes $\frac{1}{2}$ qu'il y a de Verſailles à
Séve ; on trouvera que le point
de partage du Canal eſt plus
haut que le Réz de chauſſée du
Chaſteau de Verſailles de 7 toi-
ſes $\frac{1}{2}$, au lieu que par les premiers nivellèmens faits par la
riviere de Loire on n'avoit trouvé que 6 toiſes de hauteur : mais
il vaut mieux s'en tenir à ces
derniers , dautant qu'ils furent faits dans un temps beaucoup plus favorable que les premiers , & avec un inſtrument
dont le perpendicule avoit 4
pieds de hauteur , au lieu que
celuy qui avoit ſervi aux premiers n'avoit que 3 pieds ; ou
enfin ſi l'on veut on pouroit partager le different par la moitié.

Pente de la Riviere de Loire depuis Pouilly jusques à l'entrée du Canal de Briare.

De Pouilly à Cosne	26 Pi.
De Cosne à Nevay	25
De Nevay à Bony	7
De Bony à l'entrée du Canal de Briare	10

Somme 96 pieds ou 16 toises.

On conclut de ces nivellemens que pour trouver le niveau du plus haut point du Canal de Briare, qui étoit environ celuy du Reservoir du dessus de la Grotte de Versailles, il falloit remonter la Loire environ une lieuë audessus de Pouilly; & pour avoir une pente convenable pour conduire l'eau dans un aqueduc, il falloit aller du moins jusques à la Charité.

La saison étoit déja fort avancée, & parce que les nivelle-

mens des environs de la Foreſt
d'Orleans avoient donné lieu de
craindre que le Terrein de la
Beauce ne fût trop bas pour pouvoir porter l'eau de la Loire à
Verſailles ; on revint à Orleans,
ſans s'arreſter à d'autres recher-
ches, pour achever d'executer
les ordres de ſa Majeſté qui é-
toient de revenir expreſſement
de la Foreſt d'Orleans par la
Beauce en nivelant juſques à l'E-
tang de Trape, qui, comme
nous dirons cy-aprés, étoit un
terme connu, que l'on ſçavoir
être plus haut d'environ deux
toiſes, que la ſuperficie du reſervoir du deſſus de la Grotte.

Pour reprendre les premiers
veſtiges & tenir le dehors de la
Foreſt, on crut qu'il étoit à propos de recommencer par l'E-
ſtang de Laas, que l'on ſçavoit
être plus bas de 16 Toiſes, que

le haut terrein de la Forest , ou de 12 toises que le Rez de chauf-fée du Château de Verfailles.

On monta de Laas à S. Lié
5 Toifes.

De S. Lié au pavé de la Mont-joye on monta encore 2.

De forte que le pavé de la Mont-joye eft plus haut que l'E-tang de Laas de   7.

Et fuivant ce que l'on vient de conclure il falloit monter de 12 toifes pour être de niveau a-vec Verfailles.

Mais parce que l'Eftang de Trappe eft plus haut d'environ 7 toifes que le Rez de chauffée du Château de Verfailles , il s'enfuit que nonobftant les 7 toifes dont on étoit monté, on étoit encore plus bas que l'étang de Trappe , d'environ 12 toifes. On étoit cependant tres affuré, que l'on avoit coupé tout le ter-

rein par où l'on auroit pû faire
paſſer l'aqueduc pour porter
l'eau de la Loire à la ſortie de la
Foreſt d'Orleans, & que ledit
lieu de la Mont-joye, qui eſt ſur
le grand chemin de Paris en ſor-
tant d'Orleans, étoit l'endroit
le plus haut, qui ſoit depuis l'E-
tang de Laas juſques à la Loire,
en ſuivant les bords de la Foreſt
d'Orleans du côté de Paris.

Ce qui vient d'être conclu à
l'égard des 12 toiſes dont le pavé
de la Mont-joye eſt plus bas
que l'Eſtang de Trappe, ſuppoſe
les nivellemens de Verſailles à
Seve, de Seve à Corbeil, & de
Corbeil à Orleans ; mais voicy
ce que l'on trouva par le droit
chemin.

Nivellemens faits depuis Orleans
juſques à l'Eſtang de Trappe.

De la Mont-joye à la Croix
de

de Toury en montant   10 pieds

De la Croix de Toury à celle
qu'eft fur le grand chemin prés
d'Angerville vis-à-vis d'Arbou-
ville en montant encore 10 pi.

De ladite Croix au moulin d'O-
vitreville en montant   16 pi.

Du moulin d'Ovitreville à
l'Orme de Sainville en montant
19 pi.

Dudit Orme au Moulin des
Effarts aux environs de haute
Briere en montant   68 pi.

Somme totale 123 pieds dont
on étoit monté depuis la Mont-
joye:

Mais du Moulin des Effarts
à Trappe on ne defcendit que
de 58 pieds; par confequent il
reftoit encore 65 pieds, ou environ 11 toifes dont l'Eftang de
Trappe eft plus haut que le pavé
de la Mont-joye; c'eftoit moins
d'une toifé que par les premiers

P

nivellemens : mais pour dire la
verité bien que ces derniers nivellemens eussent été faits par
un chemin beaucoup plus court
que les premiers , on eût un si
mauvais temps en traversant la
Beauce , qu'il pouroit bien s'être
glissé quelque petite erreur no-
nobstant tous les soins qu'on y
apportoit ; & comme on a déja
dit on peut bien partager un si petit different par la moitié ; joint
que si la chose dont il s'agissoit
avoit eu quelqu'apparence d'ê-
tre possible , il eût fallu en venir
plus à loisir à un dernier éclair-
cissement : mais dautantque les
nivellemens faits par divers che-
mins montroient évidemment
que la Beauce , à la sortie de la
Forest d'Orleans, étoit plus basse
non seulement que l'Estang de
Trappe ; mais encore que le Rez
de chaussée du Château de Ver-

failles ; Il n'en falloit pas davantage pour juger, qu'il étoit impoffible de conduire l'eau de la
Loire à fleur de terre jufques au
Château de Verfailles, & qu'on
auroit été obligé d'elever un
aqüeduc depuis le milieu de la
Foreft d'Orleans jufques à Angerville.

On peut ajoûter à cette relation quelques autres nivellemens
que M. Picard fit aux environs
de Verfailles pour faire voir jufques à quelle juftefle on peut
parvenir en nivelant de la maniere que l'on a expliquée cy-
deffus.

A la tefte de la Riviere de
Bievre, que l'on appelle autrement des Gobelins, il y a deux
grandes plaines, l'une au deffous
de Trappe, & l'autre au deffus
de Boifdarcy, dont les eaux s'é-
coulent par deux gorges affez

étroites, que l'on pouvoit fer-
mer pour faire deux Eſtangs conſiderables ; mais il s'agiſſoit de
ſçavoir ſi les eaux de ces Eſtangs
auroient aſſez de hauteur pour
être conduits au Château de
Verſailles ; ce qu'il importoit
d'autant plus de bien connoître,
qu'il falloit percer la montagne
de Sataury pour les faire paſſer.

Les endroits des bondes ayant
été marquées, il trouva que le
fond de l'Eſtang de Trappe auroit environ 15 pieds de hauteur par deſſus la ſuperficie du
reſervoir du deſſus de la Grotte
de Verſailles , & que l'Eſtang
de Boiſdarcy ſeroit plus haut que
celuy de Trappe de 9 pieds.

Aprés avoir fait ces nivellemens par pluſieurs fois & en di-
verſes manieres , on luy ordonna de marquer avec des piquets
la conduite des eaux de Trappe,

qui fe devoit faire à découvert
jufques à l'endroit où il falloit
percer la montagne de Sataury,
& pour toute la longueur du
chemin qui devoit être d'environ 4000 toifes à caufe des val-
lons qu'il falloit coftoyer, on
voulut qu'il ne prit que 3 pieds
de pente, afin de conferver l'eau
dans la plus grande hauteur qu'il
feroit poffible. Il avoit auffi marqué feparement la conduite des
eaux de l'Eftang de Boifdarcy,
qui étoit plus courte que l'autre
de prés de la moitié : mais on
trouva à propos de les joindre
toutes deux enfemble.

On éleva les chauffées des E-
ftangs, on travailla à la conduite,
& l'on fit en même temps un
aqueduc long de 750 toifes au
travers de la montage de Sataury à 14 toifes au deffous du plus
haut terrein, le tout fur la bon-

ne foy des nivellemens, qui se
sont enfin trouvez si justes, qu'a-
prés avoir mis de l'eau dans l'e-
stang de Trappe, & qu'elle a été
lâchée dans la conduite ou rigo-
le, il est arrivé que cette eau
étant en repos, s'est trouvée à
l'entrée de la Montagne de
Sataury, haute de 3 pieds,
lorsqu'elle estoit à fleur du seuil
de l'estang de Trappe, comme
on avoit déterminé par les Nivellemens.

Il ne sera pas hors de propos
de remarquer icy, que l'eau de
l'estang de Trappe estant lachée
avec une charge de 3 pieds,
employe 4 heures de temps à
faire 4000 toises de chemin avec
3 pieds de pente. Mais ce qui
est encore de plus considerable,
c'est qu'aprés que les tuyaux de
conduite eurent esté placés depuis l'entrée de la Montagne de

Sataury jusque dessus la grotte
de Versailles, sa Majesté faisant
faire le premier essay de ces eaux,
eût le plaisir de voir qu'elles sor-
toient avec tant de force, qu'il
n'y avoit pas lieu de douter qu'-
elles n'eussent pû monter beaucoup plus haut, conformement
aux nivellemens qui en avoient
esté faits, & en descendant de
dessus la grotte elle témoigna à
M. Picard qu'elle étoit fort con-
tente.

On ne doit pas oublier d'a-
vertir que M. Romer a eu beaucoup de part aux Nivellemens,
qui ont esté faits aux environs de
Versailles, ayant assez souvent
tenu la place de M. Picard lorsqu'il estoit malade, ou qu'il estoit
obligé de s'absenter pour quelqu'autre empeschement.

ABBREGE'
DE LA MESURE
DE LA TERRE,

Faite par Monsieur Picard.

LA Mesure de la Terre est
une connoissance si utile
pour l'Astronomie, & pour la
Geographie, que la pluspart des
Mathematiciens, tant anciens
que modernes, ont apporté tous
leurs soins, suivant la commodité des lieux où ils ont esté, &
des instruments qu'ils avoient
alors en usage, pour la connoistre
avec le plus de justesse qu'il leur
a esté possible ; & comme il est

certain qu'elle eft d'une figure
fpherique, on a commencé par
la mefure de l'un de fes grands
cercles, dont on s'eft contenté
jufques à prefent de donner
celle d'un, ou de deux degrez
pour en conclure toute fa circonference , & enfuite celle de
la fuperficie de la terre : mais entre les grands Cercles que l'on
auroit pû tracer fur la terre , on
s'eft arrefté à mefurer le Meridien,à caufe qu'il n'y en a point
de plus commode , tant pour
déterminer fa pofition, que pour
y marquer exaÆement les termes d'un dégré.

Les mefures que les anciens
nous ont laiffées de la grandeur
d'un degré du Meridien ne nous
étant pas connuës, dautant que
nous n'avons pas celles dont ils
fe font fervis aufquelles ils les
ont comparées, & d'ailleurs cel-

les des Modernes ne s'accordans pas entr'elles; il sembloit que cet ouvrage regardoit principalement l'Academie Royale des Sciences, & que c'estoit une des plus belles entreprises qu'elle pouvoit faire ayant toutes les commoditez qu'elle auroit pû desirer , & la protection d'un aussi grand Monarque que le Roy , & sur tout aprés avoir fait la decouverte des Horloges à pendules, & ayant trouvé la maniere d'appliquer les lunettes d'approche au lieu de pinnules sur les quarts de cercles, dont on se sert pour les observations des angles , avec une bien plus grande justesse que l'on n'avoit pû faire jusqu'alors.

Sa Majesté ayant donc ordonné aux Methematiciens de cette compagnie de travailler à cet ouvrage, & d'y apporter tous

les foins , & toute l'exactitude
qu'il eſtoit poſſible , ils choiſirent
entr'eux M. Picard à qui ils en
donnerent la conduite , avec
quelques éleves de cette meſme
Acadamie pour luy ſervir d'ai-
des.

Aprés avoir examiné le Païs
qui eſt depuis les environs de
Paris juſqu'à l'entrée de la Pi-
cardie , on trouva qu'il eſtoit
aſſez commode pour ce deſſein,
à cauſe qu'il n'eſt pas rempli de
bois , & qu'il n'y a aucunes mon-
tagnes , qui ſoient conſiderables,
& que l'eſpace contenu entre
Sourdon proche de Moreuil, &
Malvoiſine ſur les confins du
Gaſtinois, & du Hurepoix, ſeroit fort propre pour l'execution
de cette entrepriſe , d'autant que
ces deux termes ſont à peu prés
dans le meſme meridien, & qu'ils
ſont éloignez l'un de l'autre

d'environ 32 lieuës communes
de France ; & deplus que ces
deux points pouvoient eftre liez
enfemble par de grands triangles, & par une mefure tres-exa-
cte de trois lignes feulement,
comme l'on verra dans la fuite.

. On choifit 13 ftations ou
points principaux pour faire 13
grands triangles pour cette mefure.

La 1ᵉ. fut le milieu du moulin
de Ville-Juive.

La 2ᵉ. le coin du Pavillon de
Juvify, qui en eft le plus proche.

La 3ᵉ. la pointe du clocher de
Brie-Comte-Robert.

La 4ᵉ. le milieu de la Tour de
Montlehery.

La 5ᵉ. le haut du Pavillon de
Malvcifine.

La 6ᵉ. une piece de bois dref-
fée exprés au haut des ruines de
la Tour de Monthay.

La 7e le milieu du tertre de Mareil, où l'on fit des feux pour le defigner, *depuis ce temps-là M. le Duc de Gefvres a fait bâtir en ce même endroit un Pavillon quarré.*

La 8e le milieu du gros Pavillon en ovale du Château de Dammartin.

La 9e le Clocher de faint Samfon de Clermont.

La 10e le moulin de Jonquieres proche de Compiegne.

La 11e le Clocher de Coyvrel.

La 12e un petit arbre fur la montagne de Boulogne proche Montdidier.

La 13e le Clocher de Sourdon.

Il y a un grand chemin pavé en ligne droite depuis le moulin de Ville-Juive jufqu'au Pavillon de Juvify, ce fut la diftance entre ces deux ftations, qui fervit de bafé à tout cet Ouvrage, & qui

fut mesurée actuellement en
deux operations differentes ;
dans la premiere elle fut trouvée
de 5662 toises 5 pieds, & dans la
seconde de 5663 toif. 1 pi. C'est
pourquoy on la détermina de
5663 toises seulement.

Cette mesure fut faite en la
maniere suivante. On prit 4 bâtons de pique bien droits que
l'on assembla deux à deux, & on
les coupa de 4 toises de longueur
chacun ; les extremitéz étoient
garnies de platines de cuivre
pour les pouvoir appliquer l'un
au bout de l'autre au long d'un
grand cordeau bien tendu ; en
s'alignant à chaque fois qu'on
le changeoit de place, aux deux
termes de cette base ; ensorte
que l'on relevoit un de ces bâtons pendant que l'autre demeuroit immobile à terre; auquel on
le rappliquoit par l'autre bout

en avançant toûjours chemin.

Le 1er Triangle fut formé des Stations 1, 2, 3, & par la base mesurée entre les Stations 1 & 2, & l'on trouva que pour la distance entre le pavillon de Ville-Juive & le Clocher de Brie-Comte-Robert il y avoit 11012 toises 5 pieds, & entre Juvify & Brie-Comte-Robert 8954 toises.

Le 2e Triangle par les Stations 1, 3, 4, & par la base entre la 1 & 3, & l'on trouva la distance de Brie-Comte-Robert à Montlehery de 13121 toises 3 pieds, & entre Ville-Juive & & Montlehery 9922 toif. 2. pi.

Le 3e Triangle par les Stations 3, 4, 5 & par le costé entre la 3 & 4, & l'on trouva la distance entre Montlehery & Malvoisine de 8870 toises 3 pieds, & la distance entre Brie-Comte-Robert & Malvoisine de 12389 toiſes 3 pieds.

Le 4ᵉ Triangle par les ſtations 3, 4, 6, & par le côté entre
la 3 & 4, & l'on trouva la diſtance entre Montlehery & la Tour
de Montjay de 21658 toiſes.

Le 5ᵉ Triangle par les ſta-
tious 4, 6, 7, & par le coſté entre la 4 & 6, & l'on trouva la
diſtance entre Montlehery & le
tertre de Mareil de 25643, &
la diſtance entre la tour de
Montjay & le tertre de Mareil
de 12963 toiſes 3 pieds.

Le 6 Triangle par les ſtations 4, 5, 7, & par les coſtés
entre la 4 & 5, & entre la 4 &
7, & l'on trouva que la diſtance
entre Malvoiſine & le tertre de
Mareil eſtoit de 31897 toiſes.

Ce même Triangle fut verifié
par d'autres Obſervations qui
convenoient toutes enſemble.

Le 7 Triangle par les ſtations

tions 6, 7, 8, & par le costé entre la 6 & 7 ; & l'on trouva la
distance entre le Tertre de Mareil & Dammartin de 9695 toises.

Le 8ᵉ Triangle par les stations 7, 8, 9, & par le costé entre la 7 & la 8, & l'on trouva la
distance entre le tertre de Mareil, & le Clocher de S. Samson de Clermont de 17557, &
la distance entre Dammartin &
Clermont de 21037 toises.

Le 9ᵉ Triangle par les stations 8, 9, 10, & par le costé
entre la 8 & 9, & l'on trouva
que la distance entre S. Samson
de Clermont & le Moulin de
Jonquieres estoit de 11678 toises ; mais par d'autres observations ce même costé a esté conclu de 11685 toises, laquelle distance doit estre preferée à la
precedente pour plusieurs rai-
sons.   Q

Le 10ᵉ Triangle par les ſtations 9, 10, 11, & par le coſté entre la 9 & 10, & l'on trouva la diſtance entre Jonquiere & Coyvrel de 11188 toiſes 2 pieds, & la diſtance entre Clermont, & Coyvrel de 11186 toiſes 4 pieds.

Le 11ᵉ Triangle par les ſtations 10, 11, 12, & par le coſté entre la 10 & 11, & l'on trouva la diſtance entre le clocher de Coyvrel, & l'arbre de Boulogne de 6036 toiſes 2 pieds.

Le 12ᵉ Triangle par les ſtations 11, 12, 13, & par le coſté entre la 11 & 12, & l'on trouva la diſtance entre l'arbre de Bou-logne & le clocher de Sourdon de 10691 toiſes.

Le 13ᵉ & dernier Triangle par les ſtations 9, 11, 13, & par les deux coſtez entre la 9 & 11, & entre la 11 & 13, & l'on trouva la diſtance & les clochers de

Saint Samson de Clermont &
Sourdon de 18905 toises.

Les trois lignes principales déduites de toutes ces operations
font depuis Malvoisine au terre
tre de Mareil de 31897 ; du
tertre de Mareil à Saint Samson de Clermont 17557 toises ,
& de Saint Samson de Clermont à Sourdon de 18905 toifes. Et ces trois points ne s'écar-
tent que tres-peu d'un même
Meridien , comme nous verrons
dans la suite.

Au mois de Septembre de
l'année 1669 on alla sur le tertre
de Mareil à l'endroit où l'on
avoit fait des feux pour desi-
gner le point de cette station
d'où l'on voyoit Malvoisine d'un
costé & Clermont de l'autre.
On y posa le quart de cercle
garni de ses deux lunettes , à
plomb sur son pied , en sorte

Q ij

que .l'on pouvoit le tourner un
peu fans que fon plan quittât
fa fituation verticale, la lunette
immobile qui eft attachée à
l'Inftrument demeurant toûjours
pointée dans l'horizon., & celle
qui eft mobile pouvant eftre
hauffée & baiffée fur le plan du
quart de cercle fans changer de
vertical, on s'étoit affuré de cet
effet par plufieurs experiences.
Le quart de cercle étant arrefté
en cet eftat, on fuivit l'Etoile
polaire jufques à fa plus grande
digreffion avec la lunette mobile du quart de cercle, en le fai-
fant tourner un peu ; Mais comme on fut affuré que cette Etoile étoit dans fon plus grand
éloignement du Pole, en voyant
qu'elle demeuroit un efpace de
temps affez confiderable fans
fortir du filet vertical de la lunette, on laiffa l'Inftrument fixe

dans cette position le reste de
la nuit, & le lendemain au ma-
tin on marqua dans le bord de
l'horizon le point que la lunette immobile designoit par son
filet ; ce point déterminoit par
ce moyen le vertical de l'Etoile
polaire dans sa plus grande digression : Cette operation fut
réiterée plusieurs fois pour en
estre plus assurés.

L'Etoile polaire étoit alors
dans sa digression Orientale, &
la ligne qui alloit du tertre de
Mareil à Clermont, faisoit avec
celle qui alloit du même lieu au
point marqué dans l'horizon par
le vertical de cette Etoile, un
angle vers l'Orient de 4ᵈ. 55′.
Mais le complement de la de-
clinaison de l'Etoile polaire, qui
est aussi la distance au pole, étoit
alors de 2ᵈ. 28″, & la hauteur ap-
rente du Pole au tertre de Ma-

reil , comme on la trouva dans
la fuite eft de 49^d. 5 : par confequent le vertical de l'Etoile
polaire dans fa plus grande di-
greffion faifoit avec le Meridien
un angle de 3^d. 46'. Il reftoit
donc encore 1^d. 9' dont la pointe du clocher de Saint Samfon
de Clermont demeuroit du Septentrion à l'Occident, à l'égard
du tertre de Mareil : Mais parce
que l'on avoit obfervé , que les
lignes menées du tertre de Mareil à *Saint Samfon de Clermont*, & au pavillon de Malvoifine, faifoient un angle de 178^d.
25'. vers l'Occident , il s'enfuit
que fi l'on y ajoûte 1^d. 9'. on aura 179^d. 34' pour l'angle du Septentrion à Malvoifine vers le
Couchant , & par confequent
Malvoifine refte du Midy au
Couchant de 26', à l'égard du
tertre de Mareil.

· L'année suivante 1670. au mois d'Octobre, on fit à Sour-don la même operation , que l'on avoit faite au tertre de Ma-reil ; mais avec cet avantage, qu'aprés avoir trouvé l'Etoile polaire dans sa plus grande di-greffion un peu aprés le coucher du Soleil , on pouvoit encore discerner les objets dans l'hori-zon avec la lunette immobile de l'Instrument, & déterminer tout d'une suite le point de l'horizon où le vertical de cette Etoile le rencontroit , sans qu'il fût besoin de laisser l'instrument en posi-tion toute la nuit. Cette opera-tion ayant été repetée plusieurs fois, on trouva que la ligne qui alloit de Sourdon à Clermont declinoit du Midy vers l'Orient de 2^d. 9′. 10″.

Si l'on suppose maintenant que la ligne meridienne , qui

paſſe par Sourdon , ſoit prolongée vers le Midy , juſqu'à la rencontre du parallele de Malvoiſine , & que cette meridienne ſoit
diviſée en trois Parties par des
perpendiculaires menées de
Clermont & du tertre de Mareil , on trouve la grandeur de
la perpendiculaire de Clermont
à la meridienne de Sourdon de
710 toiſes , & la partie de cette
meridienne entre Sourdon &
cette perpendiculaire de 18893
toiſes 3 pieds.

Semblablement la grandeur
de la perpendiculaire menée de
Mareil à la meridienne de Sourdon ſera de 1062 toiſes , & la
partie de cette meridienne com-
priſe entre cette perpendiculaire , & la precedente menée de
Clermont ſera de 17560 toiſes
3 pieds.

Enfin la perpendiculaire menée

née de Malvoifine à cette même
meridienne de Sourdon , fera
de 820 toifes 3 pieds, & la partie de cette meridienne comprife
entre cette perpendiculaire, &
la precedente menée du tertre
de Mareil fera de 31894 toifes.

On connoît donc de cecy que
la longueur de la meridienne
depuis Sourdon jufqu'à la perpendiculaire , qui luy eft tirée
par Malvoifine eft de 68347 toifes 3 pieds.

Il y a fur l'efcalier de la Tour
meridionale de Nôtre-Dame de
Paris , une gueritte dont on a
pris la pofition à l'égard des autres points, qui ont fervi à for-
mer les Triangles pour la mefure
de la meridienne, & l'on a trouvé que la perpendiculaire menée
de cette gueritte à la meridienne de Sourdon , qui paffoit au
Levant à fon égard, étoit de

R

1830 toises, & la distance entre cette perpendiculaire, & celle du tertre de Mareil étoit de 12518 toises.

Aprés avoir déterminé la position d'une ligne meridienne qui passoit par Sourdon, & mesuré sa grandeur comprise entre ce même lieu & le parallele de Malvoisine, il ne s'agissoit plus que de sçavoir la difference des hauteurs de pole de ces deux lieux, pour pouvoir être asseuré des termes d'un degré.

Le quart de cercle, qui avoit servi à prendre les angles des Triangles étoit de 3 pi. 2 poulces de Rayon; mais on jugea qu'il étoit à propos d'avoir un plus grand instrument pour connoître plus exactement les differences des hauteurs de Pole des deux termes mesurez; c'est pourquoy on y employa une portion

de cercle de 10 pieds de Rayon
garni de lunettes au lieu d'Ali-
dades, de même que le quart de
cercle.

On choisit l'étoile qui est dans
le genoüil de Cassiopée, pour
être comparée avec le point du
Zenit, par le moyen du grand
instrument dont on avoit fait la
verification à ce même point, &
l'on trouva en Septembre 1670.
à Malvoisine, dans un lieu plus
meridional de 18 toises que le
Pavillon, que la distance sur le
meridien entre le Zenit & cette
Etoile étoit vers le Septentrion
de 9ᵈ. 59′. 5″.

En Septembre & Octobre à
Sourdon dans la Maison presby-
terale, plus Septentrionale que
l'Eglise de 65 toises, que la distance sur le meridien entre le
Zenit & cette même Etoile,
étoit vers le Septentrion de 8ᵈ.
47′. 8″.

D'où il refulte que la difference entre Malvoifine & Sourdon
eft de 1ᵈ. 11′. 57″. Mais à caufe
que les obfervations de l'Etoile
n'ont pas été faites au milieu du
Pavillon de Malvoifine, n'y au
clocher de Sourdon, il faut a-
joûter à la diftance trouvée de
68347 toifes 3 pieds celle de 18,
& de 65 toifes, qui fera celle de
68430 toifes 3. pi. pour 1ᵈ. 11′.
57″. & l'on conclut que le degré
contiendra 57064 toifes 3 pieds:

Mais une autre obfervation
faite à Amiens, par le moyen de
quelques Triangles ajoûtez aux
premiers, ont fait déterminer la
grandeur du de degré de 57060
toifes.

Donc fuivant cette mefure,
Le Diametre la Terre fera de
6538594 t.
Le Demidiametre de 3269297. t.
Le Diametre de la Terre con-

tient de lieuës de 25 au degré

$$2864 \tfrac{56}{71}$$

Et de lieuës de Marine

$$4291 \tfrac{59}{71}$$

Rapport des mesures étrangeres
à celle de Paris.

La Toise du Châtelet de Paris
est divisée en 6 pieds, & si l'on
suppose que ce pied soit divisé
en   1440 part.
Le Pied de Rhein, ou de Leyde
est de   1390 part.
Le pied de Londres   1350 part.
Le pied de Boulogne 1686 part.
La Brasse de Florence 2580 part.

La grandeur du degré d'un grand
cercle de la Terre, suivant les
mesures de divers Païs.

Toises du Châtelet de Paris,

$$57060$$

Pas de Boulogne   58481

Verges de Rhein de 12 pieds
  chacune   29556

Lieuës Parifiennes de 2000 toifes   28 $\frac{1}{4}$

Lieuës moyennes de France
  d'environ 2282 toifes chacune   25

Lieuës de Marine de 2853 toifes   20

Milles d'Angleterre de 5000
  pieds chacun   73 $\frac{7}{100}$

Milles de Florence de 3000
  braffes   63 $\frac{7}{10}$

Circonference de la Terre.

Toifes de Paris   20541600
Lieuës de 25 au degré 9000
Lieuës de Marine   7200

Table pour la valeur d'un degré d'un grand cercle de la Terre, distribué en Minuttes & Secondes.

Minuttes.	Toises.	Secondes.	Toises.
1	951	1	16
2	1902	2	32
3	2853	3	48.
4	3804	4	63
5	4755	5	79
6	5706	6	95
7	6657	7	111
8	7608	8	127
9	8559	9	143
10	9510	10	$158 \frac{1}{3}$
20	19020	20	317
30	28530	30	$475 \frac{1}{3}$
40	38040	40	634
50	47550	50	$792 \frac{1}{3}$
60	57060	60	951

Il ne sera pas difficile de trou-

R iiij

ver les differences des hauteurs
de Pole, pour les lieux dont nous
avons donné les diſtances ſur la
meridienne de Sourdon, puiſ-
qu'il n'y a qu'à changer ces mêmes diſtances en minutes, & ſe-
condes, ſuivant la valeur du degré.

Difference des hauteurs du Pole.

	L'Obſervatoire de	
	Paris	19. 22″
Entre Mal-	N. D. de Paris	20. 22
voiſine &	Mareil	33. 32
	Clermont	52. 0
	Sourdon	71. 52
	N. D. d'Amiens	
		82. 58

Entre N. D. de Paris & N. D.
d'Amiens 62. 36. La hauteur
apparente du Pole de Paris à
l'Obſervatoire a été établie par
un tres-grand nombre d'Obſer-

vations de 48ᵈ. 51′. 10″. Mais on
a aussi conclu, que la refraction
à cette hauteur élevoit les objets
de 1′ : C'estpourquoy on ne conte la hauteur du Pole à l'Obser-
vatoire que de 48ᵈ. 50′. 10″.

Vrayes latitudes ou hauteurs
de Pole.

De Malvoisine	48°.	30′.	48′
De l'Observatoire	48.	50.	10′
De N. D. de Paris	48.	51.	10
De Mareil	49.	4	20
De Clermont	49.	22.	48
De Sourdon	49.	42.	40
De N. D. d'Amiens	49.	53.	46

Ceux qui voudront poser sur
une carte les points des triangles qui ont servy dans cette o-
peration, le pourront faire facilement par les mesures des co-
stez de ces mesmes triangles tel-

les qu'on les a données cy-deffus, dont on trouvera les calculs
tout au long avec les figures dans
le grand Ouvrage de la mefure
de la terre, dont cecy n'eft qu'un
abbregé.

On a pû remarquer dans le
détail des operations, qui ont
efté faites pour la mefure d'un
degré du meridien, qu'il n'eftoit
pas poffible d'y apporter plus de
précautions ny une plus grande
exactitude que l'on a fait : mais
quoyque les inftrumens dont on
s'eft fervy pour prendre les hauteurs des eftoilles fixes, foient
tres-grands & tres-bien divifez,
on ne peut pas pourtant y eftre
affeuré de 4 fecondes de degré
tout au plus, ce qui peut venir
tant de la part de la divifion de
l'inftrument, que de celle des
obfervations pour fa yerification,
& pour les hauteurs des étoiles ;

c'est pourquoy on demeure toûjours dans l'incertitude de plus
de 60 toises sur un degré, qui a
esté déterminé de 57060 toises,
quand mesme on seroit d'ailleurs
parfaitement assuré de la mesure
des triangles qui ont donné la
distance des lieux : c'est une erreur qui n'est pas considerable
pour un degré, mais elle le de-
vient dans la mesure du cercle
entier estant multipliée 360 fois,
& il n'y a pas moyen de l'éviter,
qu'en mesurant une plus grande
portion de la meridienne ; afin
qu'en observant aux deux bouts
l'erreur dans laquelle on pourroit tomber se trouve distribuée
dans toute son étenduë, ensorte
que si au lieu d'un degré on en
mesuroit 10, l'erreur que l'on
auroit pû faire de 60 toises, ne
deviendroit que de 6. toises seulement pour chaque degré ; ce

qui feroit de tres-peu de confe-
quence.

Sa Majefté ayant refolu que
l'on perfectionnât cet ouvrage
de la mefure de la terre autant
qu'il feroit poffible , ordonnât
l'année derniere aux Mathematiciens de l'Academie des Sciences de continuer la premiere en-
treprife , & en fe fervant de ce
qui eftoit déja fait, de prolonger
vers le Septentrion & vers le Midy jufques aux confins du Roy-
aume, une ligne meridienne qui
pafsât par le milieu de l'Obfer-
vatoire de Paris.

On a pouffé ce travail fort
loin pour une année , & il y a lieu
d'efperer que fa Majefté y fera
donner dans peu de temps la
derniere main.

F I N.

TABLE
DES MATIERES.

Les Déscriptions ſuivantes ont
été ajoûtées à l'Ouvrage
de M. Picard.

CHAPITRE III. de la Pratique du
                                     Nivelle-

S

S ij

Fin de la Table.

Fautes à corriger.

PAge 2. *ligne* 23. viſnel, *liſez* viſuel.

P. 28. *l.* 12. qnuie, *liſ.* qui ne.

P. 31. *l.* 18. l'ereur, *liſ.* l'erreur.

P. 42. *l.* 22. dirige, *liſ.* dirigent.

P. 43. *l.* 10 propoſition, *liſ.* proportion.

P. 44. *l.* 12. expliquer, *liſ.* d'expliquer.

P. 47. *l.* 8. avoir, *liſ.* voir.

P. 47. *l.* 18. *ôtez* avec.

P. 52. *l.* 22. lo'n, *liſ.* l'on.

P. 54. *l.* 6. demonſtration, *liſ.* deſcription.

P. 58. *l.* 24. deſſus, *liſ.* deſſous.

P. 60. *l.* 7. marqué, *liſ.* marqués.

P. 64. *l.* 10. augmentée, *liſ.* augmentées.

P. 65. *l.* 10. Capitre, *liſ.* Chapitre.

P. 65. *l.* 13. on *liſ.* ou.

P. 68. *l.* 20. qui au *liſ.* qui eſt au.

P. 72. *l.* 23. de *liſ.* de la.

P. 96. *l.* 17. qur, *liſ.* quar.

P. 114. *l.* 15. eſt, *liſ.* n'eſt

P. 130. *l.* 10. celle, *liſ.* celle du.

P. 149 *l.* 15. de preſſion, *liſ.* de dépreſſion.

Extrait du Privilege du Roy.

PAR Grace & Privilege du Roy, en datte du 20. Juillet 1684. Signé LE PETIT : Il est permis à ESTIENNE MICHALLET Imprimeur & Libraire à Paris, d'imprimer un Livre intitulé *Traitté du Nivellement,* composé par M. DE LA HIRE Professeur en Mathematique , pendant le temps de dix années ; avec deffenses à tous Imprimeurs, Libraires & autres, d'en imprimer , vendre ny debiter pendant ledit temps , sans le consentement de l'Exposant , comme il est plus amplement porté par l'Original : confiscation des Exemplaires, de tous dépens, dommages & interests.

Rogistré sur le Livre de la Communauté des Marchands Libraires & Imprimeurs de Paris.
                 Signé C. ANGOT.

Achevé d'imprimer pour la premiere fois le 28. Juillet 1684.

CPSIA information can be obtained at www.ICGtesting.com
Printed in the USA

243391LV00008B/30/P

9 781120 073495